少儿环保科普小丛书

# 环境与人类生活

本书编写组 ◎ 编

中国出版集团公司
世界图书出版公司
广州·上海·西安·北京

图书在版编目（CIP）数据

环境与人类生活/《环境与人类生活》编写组编.
——广州：世界图书出版广东有限公司，2017.3
ISBN 978－7－5192－2474－5

Ⅰ.①环… Ⅱ.①环… Ⅲ.①人类活动影响－环境－青少年读物 Ⅳ.①X24－49

中国版本图书馆 CIP 数据核字（2017）第 049890 号

---

书　　名：环境与人类生活
　　　　　Huanjing Yu Renlei Shenghuo
编　　者：本书编写组
责任编辑：冯彦庄
装帧设计：觉　晓
责任技编：刘上锦
出版发行：世界图书出版广东有限公司
地　　址：广州市海珠区新港西路大江冲 25 号
邮　　编：510300
电　　话：（020）84460408
网　　址：http：//www.gdst.com.cn/
邮　　箱：wpc_gdst@163.com
经　　销：新华书店
印　　刷：虎彩印艺股份有限公司
开　　本：787mm×1092mm　1/16
印　　张：13
字　　数：200 千
版　　次：2017 年 3 月第 1 版　2017 年 3 月第 1 次印刷
国际书号：ISBN 978－7－5192－2474－5
定　　价：29.80 元

---

版权所有　翻印必究

（如有印装错误，请与出版社联系）

# 前　言

人类总是生活在一定的环境中，地球就是我们生存的总环境，环境有自然环境和社会环境之分，这里所说的环境主要是指自然环境。自然环境是直接或间接影响到人类的一切自然形成的物质及其能量的总体，是人类生存的物质基础，跟人类的生活、生产和发展息息相关。

人类自诞生以来，就依赖环境而生存，并使自己变得适应于环境，同时，人类又不断地与恶劣的环境条件作斗争，使环境变得更适宜于人类。人类改造着环境，环境影响着人类。人类与环境的这种相互作用、相互依存的关系，贯穿于人类发展的全过程。

不消多说，环境的好坏关系到人类的生活、生产和生存。环境问题的产生，有地震、台风、水灾、火山、星体等自身的原因，但也有人类自身的原因，而且后者才是造成环境恶劣的始作俑者。无休止的森林砍伐、大肆的捕猎、贪婪的攫取矿藏，还有人口的无限膨胀等等，致使大自然频频向人类发出生存警告。君不见，酸雨从天而降，沙尘暴铺天盖地，多少物种濒临灭绝，震惊世界的"杀人"烟雾事件，火鸡死亡与米糠油事件，太多太多的由人类造成的悲剧不断发生着，而且有愈演愈烈的趋势，情势岌岌可危。人类造成的恶果现在正由自己吞噬，虽然不情愿，但是这是必须付出的代价。

庆幸的是，人类警醒了，开始了拯救家园的行动。1992年6月，联合国环境与发展大会在巴西的里约热内卢召开，会议通过了《里约环境与发展宣言》、《21世纪议程》、《关于森林问题的原则声明》等重要文件，并签署了联合国《气候变化框架公约》、联合国《生物多样性公约》，开启了保护全球环境的新历程。

我国作为发展中国家，一直致力于挽救地球、挽救家园、挽救自身的伟大行动，政府每年拨出大量资金用于水污染治理，气候改善工程，退耕还林等，还下大力气整治乱砍乱伐，破坏生态资源的行为，严厉惩治捕杀野生动物的犯罪的行为。

亡羊补牢，犹未晚也。地球只有一个，要想使我们的天更蓝，水更清，空气更清新，就要善待我们的这个唯一的家园，好好保护她。

# 目 录
# Contents

## 人类的生存环境
地球是人类唯一的生存环境 ⋯⋯ 1
环境是宝贵的资源 ⋯⋯ 2
大气污染造成严重危害 ⋯⋯ 3
地球的层圈结构与人类的生存
　　环境 ⋯⋯ 4
威胁全人类的海平面上升 ⋯⋯ 9
空气中的污染源——微粒 ⋯⋯ 12
土壤中重金属的污染与危害 ⋯⋯ 13
高空的污染 ⋯⋯ 17
南极臭氧洞与人类 ⋯⋯ 19
黑色的风暴 ⋯⋯ 21
"杀人"的烟雾 ⋯⋯ 22
狂猫跳海与水俣病 ⋯⋯ 24
火鸡死亡与米糠油事件 ⋯⋯ 25

## 人类的生态环境
生态环境的概念 ⋯⋯ 27
地球上的生态系统 ⋯⋯ 28
生态平衡 ⋯⋯ 29
绿色财富森林 ⋯⋯ 30
土壤的生态 ⋯⋯ 32
食物链是怎么一回事 ⋯⋯ 33

"绿色宝库"可能变成
　　"人造沙漠" ⋯⋯ 34
绿色植物是天然的
　　"氧气制造厂" ⋯⋯ 35
什么是生物多样性 ⋯⋯ 35
森林是天然蓄水池 ⋯⋯ 36
营造农田防护林 ⋯⋯ 37
我国的生态环境问题 ⋯⋯ 38

## 环境灾害与人类活动
自然灾害 ⋯⋯ 41
土地荒漠化 ⋯⋯ 42
自然灾害的形成与发展 ⋯⋯ 43
气象灾害 ⋯⋯ 44
海洋灾害 ⋯⋯ 48
森林火灾 ⋯⋯ 53
地质灾害 ⋯⋯ 56
大风灾害 ⋯⋯ 58
热带气旋灾害 ⋯⋯ 59
雷　电 ⋯⋯ 59
浓　雾 ⋯⋯ 60
冰　雹 ⋯⋯ 61
自然灾害及疾病 ⋯⋯ 62

自然灾害对传染病流行机制的
　　影响 ......................................... 62
自然灾害对传染病生物媒介的
　　影响 ......................................... 66
自然灾害之后传染病的发展
　　趋势 ......................................... 69
自然灾害之后的传染病防治
　　政策 ......................................... 69
人类将面临哪十大环境问题 ...... 74
人口剧增给环境带来的沉重
　　压力 ......................................... 75
旅游业对环境造成的污染 ......... 76
地热开发也会带来环境污染 ...... 77
什么是酸雨污染 ........................ 78
为什么黄土高原会发生水土流失
　　现象 ......................................... 79
为什么物种会灭绝 .................... 80
放射性污染给人类带来哪些
　　危害 ......................................... 81

## 生活环境与身体健康

环境噪声会影响胎儿发育
　　生长 ......................................... 83
汽车排出的废气对人体健康的
　　危害 ......................................... 84
微量元素与地方病 .................... 85
为什么环境与癌病有关系 ......... 88
阳光紫外线为什么会使人生皮
　　肤癌 ......................................... 89
空气负离子与人体健康 ............. 90

森林与人体健康 ........................ 91
环境与过敏性疾病 .................... 92
室内空气质量与健康 ................ 93
影响空气质量的因素 ................ 95
为什么振动对健康有害 ............. 95
光污染对人体的害处 ................ 96
滨海居民为什么长寿的多 ....... 100
为什么有些地区长寿老人多 ... 101
绿色植物与人类健康 .............. 102
家里的污染 .............................. 104
生物污染与人体健康 .............. 107
农药与人体健康 ...................... 112
环境与地方病 .......................... 114
环境科学与人体健康 .............. 115

## 环境污染治理

"牧童经济"与
　　"宇宙飞船经济" ................ 118
人工生物圈实验 ...................... 119
控制人口增长 .......................... 120
划时代的人类环境宣言 .......... 120
"六五"世界环境日 ................ 121
全球性的人与生物圈计划 ...... 123
为什么要建立
　　"生物银行" ........................ 124
提倡使用没有污染的生态型
　　农药 ...................................... 125
不能忽视土壤的生物学污染 ... 126
警惕氮氧化物的污染 .............. 127
粉尘对空气的污染 .................. 128

| | |
|---|---|
| 二氧化硫是空气中的腐蚀剂 … 129 | 监测水质污染的"哨兵" … 152 |
| 对噪声污染的处理 … 130 | 除噪新招 … 154 |
| 为什么要营造防噪声林带 … 132 | 变噪声为福音 … 155 |
| 为什么人类要开发淡水资源 … 132 | 利用潜力巨大的地热 … 156 |
| 草坪是环境的净化器 … 133 | 向太阳借能量 … 158 |
| 为什么城市要向空间绿化发展 … 134 | 风能造福人类 … 160 |
| 园林绿化是城市的清洁员 … 135 | 垃圾发电 … 164 |
| 为什么室内养仙人掌可净化空气 … 136 | 种石油 … 166 |
| 为什么细菌会成为优秀的环保工 … 138 | 我国应对大气污染所采取的措施 … 168 |
| 怎样保护、拯救生物物种 … 139 | 物尽其用的无废技术 … 172 |
| 要防治白色污染 … 140 | 我们要保护环境 … 173 |
| 要保护海洋环境 … 141 | 要制定保护环境规划 … 175 |
| 利用海燕能寻找被石油污染的海域 … 142 | 要有环境标志 … 176 |
| 氯对饮水的消毒作用 … 143 | 别让濒危生物死在你手里 … 177 |
| 核电是安全清洁的能源 … 144 | 合理开发利用自然资源 … 179 |

## 环保法规与行动

| | |
|---|---|
| 环境疗法主要有哪几种 … 145 | 环境保护 … 181 |
| 太空垃圾的危害及处理 … 146 | 公民环保行动 … 182 |
| 重视城市垃圾的处理 … 147 | 环保纪念日 … 191 |
| 把核垃圾送入海底 … 148 | 环保的法律 … 194 |
| 人类解决环境问题的六个层次 … 149 | 环境科学 … 194 |
| 巧用海洋遏止"温室效应" … 150 | 树立环保意识 … 195 |
| | 环境保护法的演化 … 198 |
| | 建立自然保护区 … 199 |

## 人类的生存环境

# 人类的生存环境

### 地球是人类唯一的生存环境

如今,全世界的人口总数已超过了70亿。人口过剩使得我们赖以生存的地球环境越来越坏了。于是人们希望能在地球以外的宇宙空间找到适宜人类居住的其他星球,梦想着有朝一日到别的星球上去居住。现代科学技术的发展,为人类的这些梦想提供了物质基础。人类发射了宇宙飞船和探测器,去寻求地球之外的生命和能使人类居住的其他星球。

人类曾经把移民的希望寄托在月球上,因为它是离地球最近的一颗星体,只有38万千米。登上月球之后才发现,那里是一个没有任何生命的死寂世界,一切生物生存的基本条件,比如空气和水那里都没有。光那里忽冷忽热的气温就足以致一切生物于死地(热时可高达127℃,冷时能低于-183℃)。

地 球

人类又曾把希望寄托给火星，希望火星是一个适宜生命存在的星球，可多次探测的结果，依然令人失望。火星上最冷的时候是 -132℃，最热的时候是 28℃。火星没有水，只有微乎其微的空气，且大部分是二氧化碳和氩气。它如同月球一样，没有生物存在的可能。

除月球和火星外的其他星球又如何呢？到目前为止，凡是人类的探测活动所涉及的星球一律给出了否定的回答。

和其他星球一比就会发现，地球所提供给人类的生存环境的确得天独厚。地球上冷热变化不大，大部分地区冷热温差不超过 80℃，最热不过 50℃左右，最冷 -88℃左右。有水，有氧气，有多种动植物，有矿藏，有一切适宜人类生存的基本条件和可供人类使用的自然资源。可以说，地球是人类的摇篮，是人类的母亲，是人类的家园，是人类目前唯一的生存环境。

然而，人类社会的农业文明和工业文明的沉重代价就是对地球环境的破坏：绿色植物减少，稀有动物灭种，人口过剩，资源锐减，水土流失，旱涝灾害交替发生，天灾横行，生态失衡。为了使人类以及地球上的其他生物免受由人类不合理的活动而带来的灭顶之灾，我们发出呐喊：保护地球环境势在必行！

## 环境是宝贵的资源

我们对于赖以生存的水、空气、土壤、森林、草原以及司空见惯的自然风光、动植物等，总认为它们是取之不尽，而又用之不竭的。其实它们也是值得我们珍惜和保护的宝贵资源。

其中，自然风光是独具特色的资源，集水、空气、森林、土地、动植物等环境资源于一身，不仅为旅游业的大力发展提供了物质基础，还给我们人类提供精神、心理上的享受，这也许就是人们工作累了愿意漫步于草林之中，流连于湖光山色之间，而许多名人隐士长久隐居山林的原因。"大漠孤烟直，长河落日圆"使人产生无限豪情壮志，而"小桥流水人家"又使人身心得到完全的放松。大自然不仅带给我们美好的精神享受，且给我们提供必须的生活和生产资料。

"飞流直下三千尺，疑是银河落九天"，"君不见黄河之水天上来"……说的当然是水资源，可是你知道吗，虽然我们居住的地球70.8%的表面为水所覆盖，可是这个"蓝色"的水球却闹水荒，淡水资源严重匮乏。我国古都西安素有"八水绕长安"的美称，但是这些年，西安缺水情况日趋严重，我们开始意识到淡水也是一种资源，且是极宝贵的资源。同时空气也是极珍贵的资源，没有空气中的氧，地球上一切动植物都将无法生存，随着现代工业不断发展，空气可作为原料制氧、制氮、制氩等。但是你注意到了吗？天空经常飘着一层浓浓的"尘雾"，甚至难以让人看到蓝天白云。大气污染日趋严重，没有新鲜的空气、清新的环境，人类健康将会受到严重影响。

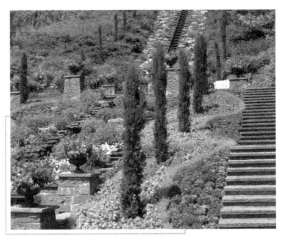

优美如画的环境

关心我们身外世界，合理开发利用资源，保护我们的环境，是青少年朋友义不容辞的责任和义务。

## 大气污染造成严重危害

大气就是空气，是人类和其他生物赖以生存的、片刻也不能缺少的物质。一个成年男子每天需要大约15千克空气，远远超过他需要的食物量和饮水量，可见空气质量的好坏对人体健康多么重要。

清洁的大气，天晴的时候天空看上去是蔚蓝蔚蓝的，使人格外赏心悦目。相反，大气一旦受到污染，即使是晴天，天空也变得灰蒙蒙、雾茫茫的。这样，人会有一种压抑的感觉，身体出现不适，心情越来越坏。洁净的大气，通常含有78%的氮气、21%的氧气、0.03%的二氧化碳、0.93%的氩气，还有臭氧、甲烷、氨气、氖、氦等微量的其他气体。大气一旦受到污染，就说明各种气体的构成比例失调。科学家们发现，至少有100种大气污染物对环境造成危害，其中对人类威胁较大的有二氧化硫、氮氧化物、一氧化碳、氟氯烃等。

某些自然现象足可影响空气的组成成分，造成大气污染。如火山爆发向空气喷发出大量的二氧化碳和粉尘，电闪雷鸣有时能引起森林火灾，消耗空气中的氧气，增加空气中的二氧化碳。但这些影响不普遍也不长久，一段时间后空气可自行恢复原状。

唯有人类不合理的生产和生活活动对大气造成的污染极为严重。许多现代化大工厂不断向大气中排放各种各样的物质，包括许多有毒有害物质。据统计，全世界每年排放二氧化硫1.5亿多吨，二氧化碳2亿多吨，悬浮颗粒物23亿吨和氮氧化物6900万吨。这就对大气造成极为严重的污染，使空气成分长期改变而不能恢复，以致对人和其他生物产生不良影响。

大气污染轻者，人和生物当时感觉不出，时间长了就会生发各种病症；污染比较严重的，易使人流泪、咳嗽、头痛、恶心；特别严重的，会使人窒息甚至于丧命。

大气污染不仅影响人体健康，还会改变气象规律。全球气候变暖、酸雨、臭氧空洞等，归根结底是由大气污染造成的。

科学家们根据进入大气中的多种物质对人类健康、对生物的影响、对气候的影响制定出最大允许浓度作为标准。如果某种物质超标，就说明大气受到污染，超标越多，说明污染越严重。如今，我国北京、上海等许多大城市每天都向市民发布空气质量报告。保护大气，人人有责。

## 地球的层圈结构与人类的生存环境

我们已经知道，地球由6个不同状态和不同物质的同心圈构成。这些层圈可分为外部层圈和内部层圈2类。地球表面以外的外部层圈有3个：环绕地球最外层的气体层圈为大气圈；地球表面的液体部分（包括海洋、湖泊、河流、地下水、冰川等）称水圈；地球表面有生命活动的层圈叫生物圈。通过近代地震探测得知，从地表往下直到地球中心的内部层也主要有3个。它犹如一个鸡蛋，最外薄层为地壳，由各种硅酸盐类岩石组成；其下为厚厚的地幔，由镁铁质和金属硫化物和氧化物组成，其中上部有层岩石呈熔融状的软流圈；地球中心部分为地核，主要为镍铁质，又分为外核和内核，外核为液态，内核为固态。

我们人类就生活在地壳、大气和水的接触地带。地球各层圈的性质和活动紧密结合，形成复杂而有机的自然系统，直接影响着人类的生存环境。而人类活动也对它带来影响，使其发生变化。有时产生的反作用会危害人体健康，破坏自然资源和生态平衡，以致影响人类的生存。

### 大气圈

大气圈含有多种气体的混合物，其中绝大部分组分的比例在近地表几乎是不变的，也有些是不定组分。特别是由于人类社会的生产、生活活动的影响，常使有害的不定组分排放于大气中，如果它们超过一定浓度，便给人类造成危害。由工厂企业、家庭炉灶和汽车、飞机等各类交通工具排出的烟尘、硫氧化物、氮氧化物、二氧化碳、一氧化碳、碳氢化合物和铅化合物等。它们不仅被人类呼吸后会产生各种疾病，被植物、农作物吸收后形成有毒物质危害人类，而且在大气中富集后形成黑风暴、酸雨、尘雾、温室效应并破坏臭氧层，致使世界气候条件变得恶劣。

### 水 圈

水以气态、液态和固态三种形式存在于大气、地表和地下。水在不断地以蒸发、凝结、降水、径流的方式转移交替，形成水的循环。人类社会的全部生活都与它有密切联系。海洋为人类提供了极其丰富的化学、矿产、动力和生物等资源，也是陆地风云变幻的源地、干湿冷暖变化的调节器。河流和湖泊为人类提供了灌溉、发电、渔业、城市供水和航运之便。存蓄在岩石裂隙和土壤空隙中的地下水，也是工农业生产、日常生活用水的重要来源。高纬度和高山地区的冰川不但是人类的固体水源，也控制着世界的气候和人们的生活方式。

引起人们注意的是人类活动在不同方面造成水环境的破坏，一是由于对水资源本身不合理的掠夺式开采所产生的对水环境和水资源的破坏（如过量引用地表水导致河湖干涸，过量汲取地下水导致地下水资源枯竭），二是由于人类在其活动领域的活动所产生的对水环境和水资源的破坏（如盲目围垦引起湖泊面积和体积缩小），三是工农业生产活动和生活活动引起的各类水体的水质污染。另外，大气污染产生气候变化，使陆上积冰量随气温变化，如某一段时间气温突然上升或下降，就会出现大冰川或冰冠融化入海引起海平面大幅度上升，那就会给人类造成灾难。

**生物圈**

生物的生存受到周围环境的强烈制约，但另一方面生物对它周围环境也有非常深刻有力的改造作用。生物长期生命活动所创立的新环境又对生物自身生活和发展产生影响。呼吸作用是生命的基础，光合作用是生物发展的前提，在呼吸和光合作用下进行氧和二氧化碳的物质循环，为生物的维持和发展提供了物质保证。大约33亿年前，地球上有了原始生物以来，植物不断在海中和陆上进行光合作用，释放游离氧，形成大气，使氨氧化成氮和水气，使甲烷和一氧化碳氧化形成二氧化碳、水汽等；还使地表岩石矿物形成红色松散风化物，其中一些藻类和地衣分泌酸类腐蚀矿物吸收养分，死后残骸一部分被细菌分解形成氮素，另一部分转化为有机质，从而形成真正的土壤，为高等植物生长提供了良好场所。而高等植物的类似变化更改善了土壤肥力。另外，植被也强烈制约着小气候、小环境，如植被改变地面温度条件，改变气流速度及空气湿度，并减少水土流失。

在生物圈一定空间范围内，生物与其无机环境之间、各类生物之间存在着密切的相互关系，共同构成统一体系，即生态系统。每个生态系统的生物种类、组成、数量、生物量和生产能力都受周围环境制约，而生物的存在和活动也对环境产生不同程度的改造作用。如此反复作用的结果，生态系统中的生物和环境都具有一定的稳定性，使其能量、物质的输入与输

### 人类的生存环境

出大体平衡，构成所谓的生态平衡。人类不合理地开发利用自然资源，常常不自觉地破坏原有的生态平衡，甚至超出原生态系统及其生物能够忍受的限度，降低其稳定性，引起复杂的连锁反应。如人类大规模不合理地捕杀动物，采伐森林，开垦草原，使生物资源直接受到毁灭性破坏或因环境恶化失去适宜生存的有利条件而绝灭。

#### 地 壳

地壳是地球为人类提供的赖以生息、赖以发展的矿产资源和能源的主要赋存地。由各种地球内动力引起的强烈构造活动，如地震、火山活动和海啸等，由地表外力引起的地表物质的运动如山崩、土流和泥石流等，大多发生在这里，给人类造成巨大灾害。而地壳中化学元素与生物和人体中化学元素也存在着密切联系。地球上不同地区的化学元素含量不同，引起各地动、植物群的不同反应，这种地球化学环境与人类健康和疾病的关系，也引起了人们的广泛重视。在地质历史的发展中，形成地壳表面元素分布具有不均一性。这种不均一性在一定程度上控制和影响着世界各地区人体、动物和植物的发育，造成了生物生态的地区差异。有时这种不均一性会超过正常变化的范围，于是就造成了人类、动物和植物的各种各样的地方病。如由于地方缺碘和过量的碘，都会造成地方性甲状腺肿；含氟量高的地方使人慢性中毒，造成地方性氟病；环境缺钼、硒和亚硝酸盐，引起克山病以及大骨节病等。

另外，人类的生活和生产活动对地壳会产生影响和破坏，反过来又会给人类带来不利影响。大规模人工爆破、地下核试验、地下采空和大型水利工程超过岩层荷载而人工诱发地震，尤其是水库诱发地震，数十年来世界上已有几十例，给当地居民生命和财产造成很大伤害。另一方面是过量汲取地下水引起地面沉降。近半个世纪以来，世界许多国家的工业城市发生了地面沉降现象，特别是沿海城市的地面沉降最为严重。我国上海自1921年发现沉降，至1965年最大处已达2.63米。地面沉降造成了建筑物和生产设施的破坏，阻碍了建设事业和资源开发，造成海水倒灌，使地下水和土壤盐渍化。人类是搅动土地的罪魁祸首。现在人类拥有巨大的机械力量和炸药，能够把大量土壤和基岩从一处移到另一处。这些过程可完全破坏原来的生态系统与植物栖息地，导致岩体耗损，形成了人为的泥石流、土流和山崩。

**地幔和地核**

据研究，地球约在47亿年前开始其演化历程，演化的初始温度接近1000℃。以后由于放射性加热，内部温度开始上升，在40亿~45亿年前，地球内部温度升高到铁、镁的熔点。大量的铁下降到地核，以热的形式释放出约 $2 \times 10^{337}$ 尔格（1焦耳 = $10^7$ 尔格）的重力能。这个热源极为巨大，足以产生广泛的熔融作用并改造地球的内部结构，产生地核、地幔和地壳的分层。它们之间物质相互交换和运移，在地幔中形成可塑性的软流圈。软流圈中以对流的形式进行热传导，致使其上的刚性岩石圈分成数个板块，犹如浮冰在慢慢漂移，产生了地球表面的大陆运移、海底扩张，山脉隆起、断裂、褶皱、岩浆侵入等构造作用，以及使人类遭受灾难的火山活动和地震等。

地球是一个统一的整体，各层圈、各部分是相互联系和相互影响的，其中物质和能量相互转换，相互循环。因此，很多环境污染物或人类不合理的活动虽然产生于某局部地方，但随着各种自然过程，它们的影响可波及其他地方，甚至可能扩展至全球范围，潜伏下严重后果。还有一些因连锁反应、影响深远的全球环境，各层圈各种人为的环境破坏，都会损害全人类的生存环境，引起全球性的、危及后代的重大环境问题。因此，保护环境，节约资源，科学地控制人口增长，创建人类美好的生活环境，

地核、地幔与地壳

已成为地球上所有人的共同责任。

## 威胁全人类的海平面上升

地球变暖致使全球的海平面上升，科学家担心如果任其下去有一天会发生海侵。这不是杞人忧天，更不是耸人听闻。看看这些事实吧：

由于海水上涨，土地下沉，埃及尼罗河三角洲正慢慢消失在地中海里，一些土地和城镇将从版图中消失。预计几十年后，现在的港口城市塞得港等地将沦为一片汪洋。

不断上涨的洋面大大降低了孟加拉国自然屏障对风暴潮的抵抗力，风暴潮竟可长驱直入到入海口上游160千米处。1970年发生的20世纪最严重的风暴潮灾难，几乎横扫了孟加拉国乡镇，席卷而来的风暴潮开始就夺走了30万条人命，淹死了几百万头牲畜，摧毁了孟加拉国大部分渔船。

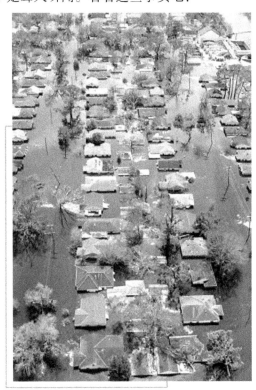

淹没在海水中的城市

南亚岛国马尔代夫的2000多个大小岛屿中的不少岛礁，因为海水不断上涨，已经被淹没。首都马累的国际机场也多次被海水所淹。现在大多数岛屿仅高于海平面1米左右，一旦洋面继续上升，它们将统统不复存在。

联合国IPCC（有关气候变化的政府间协调委员会）的科学家和工作人员经常在这些令人不安的消息中忙碌着。他们发出警告，人类正面临着海平面持续上升带来的危险，与海岸紧紧"拥抱"的沿海地区和沿海城市，将成为首当其冲的"重灾区"，在人类又将回到诺亚方舟的时代到来之前，千万不能"坐以待淹"。

据德新社报道的联合国有关部门的估算，全世界目前有35万千米海岸线，6400千米城市海岸线，10700千米位于旅游区的海滩及1800千米的港口地带，世界1/3的人口和多数大城市都分布在这些海岸线上和大河口地区，其中世界上最大的35个城市中有20个地处沿海，如果海平面真的出现1～2米的上升，世界级的大城市，如纽约、曼谷、悉尼、墨尔本、里约热内卢、圣彼得堡、上海，将面临着被淹没的浩劫。同时，最主要的工业区和最富庶的郊区农业基地也会遭到灾难性的损失，大面积的土地亦将没入海下，还会导致海岸线移动，陆海变迁，对大陆架和海岸地貌，浅海近岸产生难以预料的影响。

海水入浸，又将造成大面积土壤碱化、沼泽化，由此而导致农作物品种退化、粮食减产以及饮用水碱化、污染等一系列灾害。随着海平面上升，旋风活动加剧，这意味着地球将进一步缩小陆地面积，增大洪涝灾害的影响范围，而更加频繁的台风与风暴的袭击将加重沿海城市和地区的自然灾害。

我国位于太平洋的西北岸，海岸线长达1.8万千米。我国海平面平均每年上升0.14～0.2厘米，海平面上升速度逐年在加快，已成为太平洋海平面上升速度最快的海域。

据预测，如果21世纪末海平面真的上升1米的话，就足以淹没天津的平原地区、江苏省的河口地区。如果海平面再升高些，江苏省就会有更多的地区和一些海滨城市变成海洋，长江口有可能退至现在的镇江段，真的出现"水漫金山"的景象。

有人计算，在大约几个世纪以后，海面的上升将达到3～5米之多，到那时，我国的大部分沿海平原将沦为泽国，甚至北京也将变为一个沿海城市。

专家们指出，我国沿海地区人口稠密，开放城市和新兴的工业城市大多集中在海岸线上，城市工业基础设施、经济技术开发区又大都处在低洼带上。近年来，上海、天津等沿海城市包括毗邻沿海地区的苏州、无锡、常州等城市群，相继发生大面积的地面沉降，今后海平面上升幅度较大的地区，又基本上属于沿海开放城市等地区，由此可见其后果的严重性。

在海平面上升的灾难面前，沿海居民正面临着十分严峻的两种选择：要么从海岸撤离，要么挡住海水。

20个世纪以来，人类在征服海洋斗争中似乎获得了一种信念，即人类的智慧可以驾驭任何一种自然力，其中有着"低洼之国"之称的荷兰可谓是向海洋主动挑战的英雄，他们精心维护的数百千米的堤坝和天然沙丘使低于海平面一半以上的国土免遭海水的吞噬。

美国正花费高达320亿~3090亿美元加固加高防波堤、墙，修建新的堤坝以对付海平面上升1~2米所带来的巨大威胁，并停止在海岸线建立新城市及工业、旅游、疗养设施和海滨低洼公路。

由此看来，这些经济雄厚的国家和地区也是在全力为防止海岸性灾难而制定了行之有效的防护计划和措施，表明了他们无意撤离海岸的决心。

"凡事预则立，不预则废。"专家们认为，修建防波堤虽然只是可以解决燃眉之急，但提前做好准备工作，要比几十年后"临时抱佛脚"更好些，能把损失和灾难降低到最低限度。

不久前，出席中国海平面变化及对策座谈会的专家一致建议，作为发展中的中国，不能听任海平面上升灾难的摆布，为了使海平面上升的可能性大大缩小，从现在起，就要教育人民增强海洋意识，树立防灾观念。要根据中国国情，贯彻以防为主、防救结合的方针。沿海城市要尽量减少开采地下水，搞好回灌，以减轻减少地面沉降；在重点地段建筑防护堤坝预防海水入浸；在地势低洼的岸段新建工程要考虑海平面上升的防范措施，加高起始高度。专家们还一致提议，因海平面上升可能被淹没的地区，从现在起要尽量避免将沿海低地作为新的经济开发区或高技术开发区。据报道，泰国、印度等国政府和组织大都采取放慢发展本国经济的应急措施，制定出行之有效的防护计划。

环境与人类生活 ◆ ◆ ◆

## 空气中的污染源——微粒

说到空气污染,人们往往自然联想起空气中的氟化氢、氯化氢、二氧化硫、一氧化碳等有害气体。其实,除此之外,空气中飘浮的细小微粒也是严重的污染源。这些直径不到千万分之一米的微粒被定名为"PM10",人们称其为"空气杀手"。有些专家认为,它是造成伦敦每年许多人死亡的罪魁祸首。美国《纽约时报》载文说:一个环保组织得出的最新计算结果表明,因吸入污染空气中的微粒而死亡的人数在洛杉矶地区每年达5000多人;在纽约每年达4000多人。

英国《新科学家》杂志报道说,美国、波兰和捷克科学家在污染严重的东欧地区进行研究后得出了微粒污染会阻碍胎儿在子宫内生长发育的结论。纽约哥伦比亚大学的弗雷德丽卡·佩雷拉,在布达佩斯的一次医学会议上说,妇女在怀孕期如果生活在微粒污染物含量很高的环境中,生下的婴儿头部和躯干较小,这些儿童患癌症的危险性可能增大,他们以后的学习能力也可能受影响。《新科学家》杂志同时报道说,美国环保局在捷克共和国的北波希米亚所作的一项研究也得出了同样的结果。

美国自然资源保护委员会对239个城市所作的研究表明,如果将每立方米空气中微粒的重量限定不超过20毫克,那么每年可能挽救4700人的生命;如果限定在10毫克,每年就可挽救大约5.6万人。有人测定,当空气中飘浮的微粒达100微克时,儿童气喘显著增多;达200微克时,老人和体弱者死亡率增加。更使人担心的是,每天心脏病的发病率的变化也与空气微粒的增减密切相关。当空气微粒的数量增加时,因心脏病死亡的人数也会急剧增加。哈佛公共卫生学院的道格拉斯·多克里博士,在对美国6个城市进行调查时,发现了死亡与空气微粒联系的证据。

尽管空气微粒引发心脏病的机理尚待研究,但是,考虑到血液必须经过肺部,美多克里博士认为,可能存在如下两个方面的原因:①物理方面的原因。近年来科学家已发现,人们每次呼吸都往肺部深处吸入大量微粒,在正常情况下,大约一次吸气要吸入50万个微粒。这些微粒进入肺部深处,就会作为经常性刺激物留在肺里。这种刺激物会导致炎症并产生黏液,使呼吸困难,甚至导致死亡。②化学方面的原因。微粒可以充当把化学污染物(如酸类物质、铅、汞等金属)带入肺部深处的媒介,这些物质会加速游离基之类有害物质的产生。

空气中微粒的来源十分广泛,以煤为燃料的火力发电站产生的微粒最多,烧1吨煤排放的这种微粒就达10千克;以汽油和柴油为能源的各类机动车,以及工业锅炉产生的微粒量也很大。此外,还有狂风刮起裸露地上的尘土,工业区中冶金业、石灰厂、水泥厂等排放的微粒,车辆排放的氧化氮变成的硝酸盐微粒,电厂排放的氧化硫产生的硫酸盐微粒等。

为了对付微粒这个"空气杀手",人们想到了森林。

研究表明,森林具有清除空气微粒的"过滤器"的作用。由于树木枝繁叶茂,滞尘面积大,同时,枝叶具有与烟尘相反的电荷,能吸附飘尘。此外,林内湿度大,增加了对微粒的附着力;枝干和茂密的枝叶能阻止狂风减低风速,也使微粒不易被刮起,加之微粒又是雨滴的凝聚核,随雨降落地面,雨后大气中微粒大大减少,染尘树木经雨水冲刷后又可恢复其滞尘能力。据测定,1公顷松林每年能清除微粒36吨,1英亩(1英亩≈0.4公顷)林带1年可吸收并同化污染物100吨;榆树的吸尘能力高达3.39克/平方米。此外,如毛白杨、大叶杨、泡桐、紫穗槐、女贞、夹竹桃、侧柏等都是滞尘的好树种;青杨、桑树有吸铅尘的本领;桂花、棕榈、腊梅都有吸汞的能力。难怪人们将森林称为降服空气尘埃的"克星"。所以,我们要加强绿化工作,使空气更加清新,环境更加美丽。

## 土壤中重金属的污染与危害

土壤无机污染物中以重金属比较突出,主要是由于重金属不能为土壤微生物所分解,而易于积累,转化为毒性更大的甲基化合物,甚至有的通过食物链以有害浓度在人体内蓄积,严重危害人体健康。

土壤重金属污染物主要有汞、镉、铅、铜、铬、砷、镍、铁、锰、锌等，砷虽不属于重金属，但因其行为与来源以及危害都与重金属相似，故通常列入重金属类进行讨论。就对植物的需要而言，可分为2类：① 植物生长发育不需要的元素，而对人体健康危害比较明显，如镉、汞、铅等；② 植物正常生长发育所需元素，且对人体又有一定生理功能，如铜、锌等，但过多会造成污染，妨碍植物生长发育。

同种金属，由于它们在土壤中存在形态不同，其迁移转化特点和污染性质也不同，因此在研究土壤中重金属的危害时，不仅要注意它们的总含量，还必须重视各种形态的含量。

汞

土壤的汞污染主要来自于污水灌溉、燃煤、汞冶炼厂和汞制剂厂（仪表、电气、氯碱工业）的排放。比如一个700兆瓦的热电站每天可排放汞2.5千克。含汞颜料的应用、用汞做原料的工厂、含汞农药的施用等也是重要的汞污染源。

土壤中汞的存在形态有无机态与有机态，并在一定的条件下互相转化。无机汞有 $Hg_5O_4$、$Hg(OH)_2$、$HgCl_2$、$HgO$，它们因溶解度低，在土壤中迁移转化能力很弱，但在土壤微生物作用下，汞可向甲基化方向转化。微生物合成甲基汞在好氧或厌氧条件下都可以进行。在好氧条件下主要形成脂溶性的甲基汞，可被微生物吸收、积累，而转入食物链造成对人体的危害；在厌氧条件下，主要形成二甲基汞，在微酸性环境下，二甲基汞可转化为甲基汞。

汞

汞对植物的危害因作物的种类和生育而异。汞在一定浓度下使作物减产，在较高浓度下甚至使作物死亡。不同植物对汞吸收能力是：针叶植物＞落叶植物，水稻＞玉米＞高粱＞小麦，叶菜类＞根菜类＞果菜类。

### 镉

镉主要来源于镉矿、镉冶炼厂。因镉与锌同族，常与锌共生，所以冶炼锌的排放物中必有ZnO、CdO，它们挥发性强，以污染源为中心可波及数千米远。镉工业废水灌溉农田也是镉污染的重要来源。

土壤中镉的存在形态也很多，大致可分为水溶性镉和非水溶性镉两大类。离子态和络合态的水溶性镉 $CdCl_2$、$Cd(WO_3)_2$ 等能为作物吸收，对生物危害大，而非水溶性镉 $CdS$、$CdCO_3$ 等不易迁移，不易被作物吸收，但随环境条件的改变二者可互相转化。如土壤偏酸性时，镉溶解度增高，在土壤中易于迁移；土壤处于氧化条件下（稻田排水期及旱田）镉也易变成可溶性，被植物吸收也多。镉的吸附迁移还受相伴离子如 $Zn^{2+}$、$Pb^{2+}$、$Cu^{2+}$、$Fe^{2+}$、$Ca^{2+}$ 等的影响。如锌的存在可抑制植物对镉的吸收。

镉对农业最大的威胁是产生"镉米"、"镉菜"，进入人体后使人得骨痛病。另外，镉会损伤人的肾小管，使其出现糖尿病，还有镉引起人的血压升高，使其出现心血管病，甚至还有致癌、致畸的报道。

### 铅

铅是土壤污染较普遍的元素。污染源主要来自汽油里添加抗爆剂烷基铅，随汽油燃烧后的尾气而积存在公路两侧百米范围内的土壤中，另外，铅字印刷厂、铅冶炼厂、铅采矿场等也是重要的污染源，随着我国乡镇企业的发展，"三废"中的铅已大量进入农田。

一般进入土壤中的铅在土壤中易与有机物结合，极不易溶解，土壤铅大多发现在表土层，表土铅在土壤中几乎不向下移动。

铅对植物的危害表现为叶绿素下降，阻碍植物的呼吸及光合作用。谷类作物吸铅量较大，但多数集中在根部，茎秆次之，籽实中较少。因此铅污染的土壤所生产的禾谷类茎秆不宜作饲料。

铅对动物的危害则是累积中毒。人体中铅能与多种酶结合从而干扰有机体多方面的生理活动,对全身器官产生危害。

### 铬

铬的污染源主要是电镀、制革废水、铬渣等。铬在土壤中主要有两种价态:$Cr^{6+}$ 和 $Cr^{3+}$。两种价态的行为极为不同,前者活性低而毒性高,后者恰恰相反。$Cr^{3+}$ 主要存在于土壤与沉积物中,$Cr^{6+}$ 主要存在于水中,但易被 $Fe^{2+}$ 和有机物等还原。

植物吸收铬约95%留在根部。据研究,低浓度的 $Cr^{6+}$ 能提高植物体内酶活性与葡萄糖含量,高浓度时则阻碍水分和营养向上部输送,并破坏代谢作用。

铬对人体与动物也是有利有弊。人体中含铬过低会产生食欲减退症状。但饮水中铬超标400倍时,会使人出现口角糜烂、腹泻、消化紊乱等症状。

### 砷

土壤砷污染主要来自大气降尘与含砷农药。燃煤是大气中砷的主要污染源。土壤中砷大部分为胶体吸收或和有机物络合——螯合或和磷一样与土壤中铁、铝、钙离子相结合,形成难溶化合物,或与铁、铝等氢氧化物发生共沉淀。pH 和 Eh 值影响土壤对砷的吸附。pH 值高时,土壤砷吸附量减少而水溶性砷增加;土壤在氧化条件下,大部是砷酸,砷酸易被胶体吸附,而增加土壤固砷量。随 Eh 降低,砷酸转化为亚砷酸,可促进砷的可溶性,增加砷害。

砷对植物危害的最初症状是叶片卷曲枯萎,进一步是根系发育受阻,最后是植物根、茎、叶全部枯死。砷

**砷污染**

对人体危害很大，它能使人的红血球溶解，破坏人的正常生理功能，甚至使人致癌等。

## 高空的污染

过去，人们曾经认为，超音速飞机（如协和式飞机）才会对环境有影响。然而据英国地球资源研究所的报告说，普通飞机排出的废气，如二氧化碳，也会严重污染大气层。他们认为，这种气体不但会加强温室效应，而且还会加快臭氧层的减少。飞机发动机所产生的水汽在高空冻结，从而使高空卷云增加。这种卷云量增加2%，地球温度将上升1℃。

世界环境保护组织发表的报告说，飞机引擎喷出的烟雾和汽车排出的废气含有同类的有害气体，主要是二氧化碳和氧化氮。由于高空空气稀薄，它的效应扩大了许多倍。飞机喷出的氧化氮在臭氧层中游曳，在那里固定住热量，产生温室效应。越接近地面，这些气体越可能被雨水冲散在空气中，但飞机一般在云层以上飞行，喷发出的废气飘浮在大气层中。科学家估计，飞机喷出的废气对地球表面变暖的影响可能占40%~50%。

英国《自然》周刊刊登的一项研究表明，当飞机飞行到北纬45度时，它所释放的氧化氮有可能使低空对流层臭氧的密度从1%增加到15%。法国和德国科学家在格陵兰和巴塔戈尼亚之间的1万米高空进行测试表明，高空中氮气和臭氧的密度比以前大50倍。德国一个研究小组证实，新一代超音速运输机会对北半球的臭氧层产生极大破坏。高空的臭氧层是人类和生物的保护伞，而低空中臭氧密度增大，则是有害的。据已获得的资料表明，德国上空飞机每年平均要烧掉280万吨燃料，同时向大气层排放9万多吨有害物质。

英国牛津郡哈维尔实验室的科学家用电脑模拟试验，通过对比得出结论：飞机排放的废气中含的氧化氮对全球变暖的作用，是地面上汽车、工厂和家庭排放氧化氮的30倍。而且高空对流层的臭氧具有腐蚀性和毒性，飞机废气的增加，对人畜和植物都有极大的危害。有报道说，大气层中的污染物还会对飞机造成损坏。飞机外壳目前所受到的损坏是前所未有的。飞机窗户板过去能用5年，现在几个月就不行了。飞机外层漆受损情况也很严重，一些飞机不得不重新上漆。为更换窗户板，某航空公司一年就需增加投资150多万欧元。专家们认为，飞机受损是污染物同漆和塑料窗户板中的丙烯醛基发生化学反应造成的。经分析，污染物中有硫化物和有机物质等。

瑞典已开始增收"天空税"，理由是飞机释放的废气增加了大气的污染。这种措施可产生重大效益。瑞典最大的一家国内航空公司林吉弗华公司立即开动脑筋，革新了自己的飞机引擎，使其释放出的碳氢化合物减少了90%，并在飞机、机场、候机大楼里改进抗污染设施。

科学家们还发现，考察臭氧层的航天飞机也在破坏臭气层。航天飞机助推火箭加速器使用的固体燃料中的关键物质，就是破坏臭氧层的过氯酸铵。无论是美国国家航空航天局的航天飞机，还是国防部的"大力神-4"运载火箭，都是借助这种燃料的加速器进入轨道的。

飞机污染

当航天器随着一声巨响直上蓝天的同时，酸性浓度很高的废气对环境造成很大的危害。随之而起的云和云柱中的微粒会在10千米半径之内散布，沉降到地面；这些微粒会刺激眼睛和呼吸道，甚至损坏汽车等表面的油漆。这些固体燃料主要成分有过氯酸铵、粉状铝、碳氢化合物及氧化铁等。这些成分经过复杂化学作用产生巨大推动力后，同时产生了氯化氢和氧化铝等废气，从而造成环境污染。

冲刷水是航天发射中又一污染源。用水来冲刷反射坑中助推火箭排出的高浓度酸性水蒸气，散落到地面，各种生物均遭殃。氧化铝以微尘形式出现，但在空气中最后会有相当部分转化为氯化铝，给人畜健康带来危害。

航天器发射带来的主要影响是破坏臭氧层。根据精确计算，每次发射航天器时,都会在臭氧层内散布6万千克的氯化氢和将近11万千克的氧化铝。当氯化氢遇到游离在自然界中的氢氧基时,会产生自由氯原子,这是破坏臭氧层的媒介。而氧化铝也是破坏大气臭氧层的帮凶。氧化铝粒子是很好的冰晶晶核,它的形成厚度大于几百英尺(1英尺=0.3048米),漂浮在20多千米高的空中,它将化合物聚集一起,并引进一个释放氯的反应中去。假如没有冰晶的存在,起分解臭氧作用的氯原子,实际上如同处于被封闭在无害的"容器"中一样。这是美国大气化学家发现的。

高空中的污染已成为我们所面临的又一环境问题。

## 南极臭氧洞与人类

自20世纪70年代中期以来,在南极的大气观测中发现,南极地区上空10~20千米处的平流层中下层,春季(9月、10月)的臭氧($O_3$)含量在逐年减少,到1985年仅为正常值的60%~70%。雨云7号极轨卫星探测的臭氧总量资料表明,臭氧减少的区域位于南极点附近,呈椭圆形,其范围有逐年扩大的趋势,1985年已相当于美国的面积。这一现象被称为南极臭氧洞。南极臭氧洞的出现及其不断扩大和"加深",已引起学者们的广泛注意,同时也使一些科学家产生忧虑。

地球上空平流层中下层的臭氧层,是地球上人类及其他生物,免遭太阳紫外线伤害的"保护伞"。地球上的高级生物是在这一臭氧层形成之后才出现的。虽然臭氧在地球大气中含量极少,其平均浓度按体积比仅为3%左右,但它能强烈吸收太阳辐射中的紫外线,从而使到达地面的紫外辐射少到使生物体能够承受的程度。如果这一"保护伞"由于某种原因受到破坏,太阳紫外辐射就会长驱直入,严重危及地面上的人类和生物的正常生长。从我国南极长城站考察归来的一些队员发现,虽然南极的日照时间不长,但他们的皮肤却明显地被晒黑许多,并常常脱皮,有疼痛的感觉。有些人头发、胡子变黄变白。这些现象是否与臭氧减少、紫外线辐射强烈有关,被作为疑问提了出来。

要将南极臭氧减少的原因弄个水落石出并非易事，大气科学工作者正在为此而努力。目前他们从动力和光化学两方面，试图对臭氧洞的形成作出解释。动力观点认为，在南极极夜期间，因中低纬向南极的热量输送效率很低，控制在南极上空的极地涡漩内部，形成了异常低温的环境。当极夜结束，太阳重新跃出地平线时，因集中于平流层中下层的臭氧对太阳辐射的吸收，这一范围内的大气被加热，于是在该层出现上升运动。这一上升运动引起的抽吸作用，将对流层臭氧含量低的气体带进了平流层，替代了原来平流层臭氧含量高的气体。这样，整层的臭氧总量就会明显减少。还有一些学者从光化学的角度，提出南极臭氧减少的原因。这种观点认为，因近代工业的发展，氟里昂（一种用于冰箱等制冷设备中的制冷剂）等大量化学试剂的使用等人为因素以及诸如火山喷发等自然因素，使大气中氯氟烃等微量元素的含量一直在增加。这些元素在初春阳光照射下，可以与臭氧进行光化学反应，使大量臭氧被破坏，与这些微量元素结合成其他物质。许多人指出，南极的低温环境，冬末春初极地平流层云的大量存在都有利于这样的光化学反应。所以，南极的臭氧含量会在极夜结束后大量减少。

**日益扩大的南极臭氧洞**

目前这两种解释都还没有找到充分可靠的证据。在南极臭氧减少的过程中，这两种原因可能都产生作用。综合这两种观点也许能得到南极臭氧减少的更完整的解释。

不管怎样，人类到了应该充分认识自己的某些活动对大气环境造成严重影响的时候了。南极臭氧洞的出现，再一次告诫人们，地球大气系统是相当复杂的，对它的任何不良作用的长期积累，都可能出现意想不到的严重后果。人类要在地球上正常生活，必须爱惜和保护赖以生存的大气层，这是避免任何因大气变化导致悲剧的最好办法。

## 黑色的风暴

在世界的许多地方，随着垦荒和畜牧业的发展，森林覆盖面积的减少，草原绿地的沙漠化，水土流失和土壤侵蚀的日趋严重，导致了"黑色风暴"的发生。

100多年以前，美国农民就开始大量向西部大平原迁移。美国政府划给迁去的每户农民近千亩（1亩≈666.67平方米）土地，供他们耕种和放牧。此后，随着拖拉机、联合收割机和其他农业机械的大量使用，西部大平原长期形成的草地被

**北美黑风暴**

大片大片地翻耕。从此，当干旱和大风袭来的时候，土地由于失去了天然草木的保护，裸露的表层土壤就被风吹扬起来，随风翻滚，遮天盖日，成为黑色的风暴。1934年5月9~11日的黑色风暴，以100多千米/小时的速度，从美国西部一直刮到东部海岸，刮走了35000万吨肥沃的表层土壤，毁坏了数千万亩的农田。5月12日《纽约时报》的报道中说："昨天，来自远在蒙大拿州以西1500英里（1英里=1609.344米）的受旱各州的一股尘云，高达数千英尺，部分遮蔽了太阳光线达5个小时。""纽约一片朦胧，好像日偏食时投出的阳光一样。大气尘粒的计算表明为通常量的2.7倍，大部分超额的尘粒，进入了纽约人流泪的眼里和咳嗽的喉咙里。"风一停，尘土落下来，于是美国的大半领土铺上一层薄薄的尘土。据统计，仅芝加哥在这次黑色风暴中的降尘量就达1200万吨，平均每个市民可分得2千克。

黑色风暴也曾在苏联作孽。20世纪50年代初,苏联为了扭转农业生产不景气的局面,缓和粮食供需矛盾,数十万拓荒者向俄罗斯东部、西伯利亚西部、哈萨克斯坦北部的草地和处女地进军,毁林造地,翻耕草原,在1953～1963年间,开垦荒地达6000万公顷。但是,黑色的风暴也开始光顾这里了。1960年的一次黑色风暴,使垦荒区春季作物受灾面积达400万公顷以上。1963年又发生了更严重的黑色风暴,使哈萨克斯坦开垦的土地受灾面积达2000万公顷。仅巴夫洛达州就有200万公顷以上的作物受害或被毁,有80万公顷以上的耕地被迫弃用,有20多万公顷的土地完全被沙尘覆盖。

人类开垦荒地,破坏了大自然的森林草地;而大自然却刮起了黑色风暴,毁坏人类开垦的荒地。此外,黑色风暴还使飞鸟昏死,使野兽、牲畜难以呼吸……有人断言,如果黑色风暴不断发生,人类呼吸道疾病和肺炎的发病率也会成倍地增加。这又是多么令人担忧的后果呀!我国陕西的渭水流域,4000年前还是溪流清澈、草木茂盛的鱼米之乡,现在却成了光秃的黄土沟壑;陕北的榆林地区,汉代还是松柏参天、林木繁茂的地方,自清代毁林开荒以来的200多年间,沙荒迅速扩大,榆林城为免受沙害,不得不三迁其址。这些都是大自然对人类滥伐林木、破坏草原的报复。

## "杀人"的烟雾

自从20世纪30年代以来,比利时、美国、英国、日本等先后发生了烟雾事件,造成了很大的危害。

在20世纪60年代以前,世界上发生了八大公害事件,其中烟雾事件占了5起,受害的人很多,影响的范围也很广。最有代表性的是英国伦敦烟雾和美国洛杉矶光化学烟雾,它们代表了两种不同类型的烟雾。伦敦烟雾主要是由硫氧化物引起的还原性烟雾;洛杉矶烟雾是由过氧化物和臭氧引起的氧化性烟雾。

在一定的地理条件和气象条件下,大气污染物会在一定地区集聚起来。

**光化学烟雾笼罩下的城市**

伦敦烟雾事件就是这样形成的。伦敦是一座具有2000多年历史的大城市，处在泰晤士河下游的开阔河谷中。1952年12月5～8日，伦敦地面无风，当时正值寒冬季节，气温很低，潮湿而沉重的空气压在伦敦上空，使伦敦一连数天沉浸在浓雾之中，不见天日，而成千上万个烟囱照样向空中喷吐大量黑烟，尘粒浓度为平时的10倍，二氧化硫的浓度为平时的6倍。烟雾中的三氧化二铁使二氧化硫氧化产生硫酸泡沫，凝结在烟尘上形成酸雾。4天中死亡4000余人。在以后的2个月中，陆续又有近8000人死亡。因为当时弄不清原因，不能采取防治措施，导致伦敦在1957年和1962年又发生烟雾事件。1962年，英国当局对1952年和1962年两次烟雾事件作了对比，才弄清烟雾发生的原因。

光化学烟雾是大气污染物经过复杂的光化学反应，在一定的地理、气象条件下形成的。它的形成必须有充足的阳光、适量的氮氧化物和碳氢化合物以及不利于污染物扩散的地理、气象条件。美国洛杉矶由于具备上述3个条件才发生了光化学烟雾。洛杉矶是美国的一个工业城市，临海依山，处在50千米长的盆地中。20世纪40年代初期，洛杉矶就出现了一种浅蓝色的烟雾。这种烟雾有时连续几天不散，使许多人喉咙发炎，眼睛、鼻子受到刺激，还出现头痛、恶心等症状。经过长期调查研究，直到1951年才发现这种烟雾是汽车尾气造成的。当时，洛杉矶有250多万辆汽车，每天消耗汽油1.6万升。这些汽车排放大量的氮氧化物、碳氢化合物、一氧化碳。由于洛杉矶的夏季和早秋季节阳光强烈，尾气在日光紫外线作用下，发生光化学反应，形成以臭氧为主的光化学烟雾。这种烟雾使人眼睛红肿、喉咙疼痛，严重的呼吸困难、视力减退、手足痉挛。如长期受害，会引起人动脉硬化，生理机能衰退。

现在，凡是汽车集中的城市，普遍存在光化学烟雾的威胁，而且缺少有效的办法去消除。

## 狂猫跳海与水俣病

猫也会发疯，甚至跳海自杀。这是20世纪50年代初，在日本熊本县水俣湾附近的小渔村中发生的奇闻。

1953年，也是在水俣湾，有一个人起初口齿不清，面部痴呆，后来耳朵聋了，眼睛瞎了，全身麻木，最后神经失常，高声嚎叫而死。当时，人们不知道这是什么病。直到1956年，又有96人得了同样的病，其中18人死亡。此后，以熊本大学为主组成医学研究所，开展流行病学调查，并把猫死人病的现象联系起来进行分析，终于找到了致病的根源。

原来，这是由于摄入富集在鱼类、贝类中的甲基汞而引起的中枢神经性疾病。因为最早发生在日本熊本县水俣湾附近，所以称为水俣病。如果人短时间内摄入甲基汞1000毫克，就可出现急性症状（如痉挛、麻痹等），并很快死亡；如果短期内连续摄入500毫克以上的甲基汞，就可相继出现肢端感觉麻木、中心性视野缩小、语言和听力障碍、运动失调等症状。

那么，甲基汞是从哪里来的呢？原来，建在水俣镇附近的一家氮肥厂，在20世纪三四十年代相继采用汞催化剂生产醋酸乙烯和氯乙烯。大量含有甲基汞的废水、废渣排到水俣湾。甲基汞进入水体后，靠水体自净难以消除，就使鱼、贝类体内富集了甲基汞。人或猫吃了含有甲基汞的鱼、贝类，就生病死亡。

据1972年日本环境厅公布，日本前后3次发生水俣病，患者计约900人，受威胁的人达2万以上。

甲基汞进入人体后，很容易被吸收，且不易降解，排泄很慢，特别是容易在人的脑中积累，侵害成年人的大脑皮层，也侵害小脑。对胎儿的侵害，几乎遍及全脑。水俣病以它严重的后遗症震惊全世界，迄今没有有效的治疗方法，患者大都死亡或残废。只有积极改革生产工艺，不向环境排放汞及其化合物，才能预防水俣病。20世纪60年代后期，日本开始加强对汞污染的治理，使水俣病得到控制，但危害并没有彻底消除。防止水俣病的悲剧重演，仍然是环境保护的重要任务之一。

# 火鸡死亡与米糠油事件

1968年3月，在日本的北九州市、爱知县一带，突然有几十只火鸡死亡。不久，发现了一批奇怪的病人：眼睑浮肿，眼分泌物增多，全身起红疙瘩，肌肉疼痛，四肢麻木，肝功能下降，胃肠道功能紊乱，有的因医治无效而死亡。这种病很快蔓延开来，受害者达1万多人。这就是震惊世界的八大公害事件之一的米糠油事件，也称火鸡事件、多氯联苯污染事件。

米糠油事件波及日本20多个府县，使整个日本陷入一片混乱。日本北九州一家粮食加工公司的食用油厂在生产米糠油时，用多氯联苯作为脱臭工艺中的热载体，由于生产管理不

**火鸡死亡和米糠油事件**

善，多氯联苯混入米糠油中，食用这批被污染的米糠油的人，发生了中毒甚至死亡。

多氯联苯是人工合成的有机物，工业上用来作热载体、润滑油、绝缘油等。据估计，全世界已生产的和应用的多氯联苯超过100万吨，其中已有25%~33%进入环境。多氯联苯极难溶于水，但易溶于脂肪和有机溶剂，并很难分解，因而能通过食物链的作用，在生物体内富集。多氯联苯能经过皮肤、呼吸道侵入人体，也能被消化道吸收，而且吸收率较高。20世纪60年代以后，因环境污染引起的家禽和人的多氯联苯中毒，基本上是由口侵入、经过消化道吸收后发生的。据调查，每千克米糠油中含多氯联苯2000~3000毫克，会对人体造成严重危害。

多氯联苯污染范围很广。现在，从南极的企鹅到北冰洋的鲸的肉中，都含有多氯联苯，日本、美国、瑞典等国家的人乳中都能检出多氯联苯。现在一些国家已禁止生产、使用多氯联苯，并研究多氯联苯的无害代用品。

◆◆◆◆ 人类的生态环境

# 人类的生态环境

## 生态环境的概念

生态环境是指由生物群落及非生物自然因素组成的各种生态系统所构成的整体，主要或完全由自然因素形成，并间接地、潜在地、长远地对人类的生存和发展产生影响。生态环境的破坏，最终会导致人类生活环境的恶化。

要保护和改善生活环境，就必须保护和改善生态环境。我国环境保护法把保护和改善生态环境作为其主要任务之一，正是基于生态环境与生活环境的这一密切关系。

生态环境与自然环境是两个在含义上十分相近的概念，有时人们将其混用，但严格说来，生态环境并不等同于自然环境。自然环境的外延比较广，各种天然因素的总体都可以说是自然环境，但只有具有一定生态关系构成的系统整体才能称为生态环境。仅有非生物因素组成的整体，虽然可以称为自然环境，但并不能叫做生态环境。从这个意义上说，生态环境仅是自然环境的一种，二者具有包含关系。

## 地球上的生态系统

如果要知道什么是生态系统,我们得从地球上的生物物种说起。

在地球生物圈中,有很多很多种生物。关于物种的数量还没有明确答案,众说不一。科学家们已经发现并命名的生物有100万种。有人说地球上有500万种生物,但又有报告指出,光亚马孙河流域的原始森林中,就可能有800万种生物,由此,估计全球现存的物种大约有1000万种。还有一些科学家认为全球有3700万种生物。如果追算已经灭绝的物种,地球从其诞生之日至今共出现过5亿~10亿种生物。

这些生物都必须存在于一定的环境中,如一片森林,一块草原,一条河流。人们把某一种生物所有个体的总和叫做"种群",把生活在某一特定区域内由种群组成的整体叫"群落",群落与它相互作用的环境合起来就是生态系统。所以说,生态系统是指一定时间内存在于一定空间范围内的所有生物与其周围环境所构成的一个整体。

**地球上的生态系统**

例如一片森林就是一个生态系统。森林中有狼有虎,有鹿有兔,有松有柏,有花有草,还有各种微生物。狼有狼的种群,鹿有鹿的种群,也就是说各种动物都有各自的种群;松有松的种群,花有花的种群,即各种植物有各自的种群;各种微生物也有各自的种群。所有的动物种群、植物种群和微生物种群合起来构成群落,群落中的所有生物和环境合起来就构成森林生态系统。

不光森林,草原、沙漠、湖泊、海洋、农田、城市都是生态系统,整个地球生物圈也是一个大的生态系统。

任何生态系统都是由生物因素和非生物因素两部分组成。非生物部分包括阳光、空气、水分、土壤等各种物理的和化学的因素;生物部分又可分为生产者、消费者和分解者三类。

生产者是指绿色植物,包括草、树、庄稼、藻类,它们能够吸收空气中的二氧化碳,汲取土壤中的水分和矿物营养元素,借助太阳光能来合成有机物,并提供给其他生物。

消费者是指各种动物和人。它们自己不会借助太阳光合成有机物,只靠吃生产者为生。

分解者是细菌和酶,它们把生态系统中消费者和生产者的尸体分解成水、二氧化碳和营养元素,还给大气和土壤,再供生产者使用。

地球上的生态系统的分类很多,如可以简单地分为陆地生态系统和水域生态系统。陆地生态系统又可分为森林生态系统、农田生态系统、荒漠生态系统、草原生态系统以及冻原生态系统等等。水域生态系统又可分为海洋生态系统和淡水生态系统。

## 生态平衡

1941年,美国耶鲁大学生态学家林德曼发表了《一个老年湖泊内的食物链动态》的研究报告。

他对50万平方米的湖泊作了野外调查和研究后用确切的数据说明,生物量从绿色植物向食草动物、食肉动物等按食物链的顺序在不同营养级上转移时,有稳定的数量级比例关系,通常后一级生物量只等于或者小于前一级生物量的1/10,而其余9/10由于呼吸、排泄、消费者采食时的选择性等被消耗掉。林德曼把生态系统中能量的不同利用者之间存在的这种必然的定量关系的规律叫做"十分之一定律"。如果按照这个规律,把营养级依序由低向高排列,逐渐成比例地变小,画成一幅图,仿佛一个埃及金字塔。因此,该定律又被称为"能量金字塔定律"。

在各种生态系统中，每一种群的数量必然要受到十分之一定律的约束，也就是说，各种生物的数量符合能量金字塔定律，生态系统才能保持稳定，这就是生态平衡状态。

换句话说，在一个正常的生态系统中，能量流动和物质循环总是不断地进行着，但在一定时期内，生产者、消费者和分解者之间都保持着一种动态的平衡，这种平衡表现为生物种类和数量的相对稳定，这种平衡状态就叫生态平衡。

生态平衡状态既微妙又脆弱，如果把这种平衡打破，比如由于自然的或人为的原因使某种生物物种的数量急剧增加或减少，造成生态系统不能遵循十分之一定律，常常会带来灾难性的后果，有时整个生态系统将被摧毁。

在地球大生态系统中，人处于食物链的顶端。按照能量金字塔定律，人的数量也不能无限制地增加，否则，就可能打破地球生态平衡，使整个地球生态系统遭受巨大的破坏。所以，人类只有主动控制人口增长速度，才能保护好地球生态系统，才能保护我们人类生存和发展的环境。

## 绿色财富森林

覆盖在大地上的郁郁葱葱的森林，是自然界拥有的一笔巨大而又最可珍贵的"绿色财富"。

人类的祖先最初就是生活在森林里的。他们靠采集野果、捕捉鸟兽为食，用树叶、兽皮做衣，在树枝上架巢做屋。森林是人类的老家，人类是从这里起源和发展起来的。

直到今天，森林仍然为我们提供着生产和生活所必需的各种资料。估计世界上有3亿人以森林为家，靠森林谋生。

森林提供包括果子、种子、坚果、根茎、块茎、菌类等各种食物，泰国的某些林业地区，60%的粮食取自森林。森林灌木丛中的动物还给人们提供肉食和动物蛋白。

木材的用途很广，建造房屋，开矿山，修铁路，架桥梁，造纸，做家具……森林为数百万人提供了就业机会。其他的林产品也丰富多彩，松脂、烤胶、虫蜡、香料等等，都是轻工业的原料。

我国和印度使用药用植

绿色森林

物已有5000年的历史，今天世界上大多数的药材仍旧依靠植物和森林取得。在发达国家，1/4药品中的活性配料来自药用植物。

薪柴是一些发展中国家的主要燃料。世界上约有20亿人靠木柴和木炭做饭。像布隆迪、不丹等一些国家，90%以上的能源靠森林提供。

不妨说，森林就像大自然的"调度师"，它调节着自然界中空气和水的循环，影响着气候的变化，保护着土壤不受风雨的侵犯，减轻环境污染给人们带来的危害。

森林不愧是"地球之肺"，每一棵树都是一个氧气发生器和二氧化碳吸收器。一棵椴树一天能吸收16千克二氧化碳，150公顷杨、柳、槐等阔叶林一天可产生100吨氧气。城市居民如果平均每人占有10平方米树木或25平方米草地，他们呼出的二氧化碳就有了去处，所需要的氧气也有了来源。

森林能涵养水源，在水的自然循环中发挥重要的作用。"青山常在，碧水长流"，树总是同水联系在一起。大气降下的雨水，一部分被树冠截留，大部分落到树下的枯枝败叶和疏松多孔的林地土壤里被蓄留起来，有的被林中植物根系吸收，有的通过蒸发返回大气。1公顷森林一年能蒸发8000吨水，使林区空气湿润，降水增加，冬暖夏凉，这样它又起到了调节气候的作用。

森林能防风固沙，制止水土流失。狂风吹来，它用树身树冠挡住去路，降低风速,树根又长又密,抓住土壤,不让大风吹走。大雨降落到森林里,渗入土壤深层和岩石缝隙,以地下水的形式缓缓流出,冲不走土壤。据非洲肯尼亚的记录,当年降雨量为500毫米时,农垦地的泥沙流失量是林区的100倍,放牧地的泥沙流失量是林区的3000倍。我们不是要制止沙漠化和水土流失吗?最有力的帮手就是森林。

# 土壤的生态

土壤是岩石圈表面的疏松表层,是陆生植物生活的基质和陆生动物生活的基底。土壤不仅为植物提供必需的营养和水分,而且也是土壤动物赖以生存的栖息场所。土壤的形成从开始就与生物的活动密不可分,所以土壤中总是含有多种多样的生物,如细菌、真菌、放线菌、藻类、原生动物、轮虫、线虫、蚯蚓、软体动物和各种节肢动物等,少数高等动物(如鼹鼠等)终生都生活在土壤中。据统计,在一小勺土壤里就含有亿万个细菌,25克森林腐植土中所包含的霉菌如果一个一个排列起来,其长度可达11千米。可见,土壤是生物和非生物环境的一个极为复杂的复合体,土壤的概念总是包括生活在土壤里的大量生物,生物的活动促进了土壤的形成,而众多类型的生物又生活在土壤之中。

土壤无论对植物还是土壤动物来说都是重要的生态因子。植物的根系与土壤有着极大的接触面,在植物和土壤之间进行着频繁的物质交换,彼此有着强烈影响,因此通过控制土壤因素就可影响植物的生长和产量。对动物来说,土壤是比大气环境更为稳定的生活环境,其温度和湿度的变化幅度要小得多,因此土壤常常成为动物的极好隐蔽所,在土壤中可以躲避高温、干燥、大风和阳光直射。由于在土壤中运动要比大气中和水中困难得多,所以除了少数动物(如蚯蚓、鼹鼠、竹鼠和穿山甲)能在土壤中掘穴居住外,大多数土壤动物都只能利用枯枝落叶层中的孔隙和土壤颗粒间的空隙作为自己的生存空间。

土壤是所有陆地生态系统的基底或基础,土壤中的生物活动不仅影响着土壤本身,而且也影响着土壤上面的生物群落。生态系统中的很多重要过程都是在土壤中进行的,其中特别是分解和固氮过程。生物遗体只有通过分解过程才能转化为腐殖质和矿化为可被植物再利用的营养物质,而固氮过程则是土壤氮肥的主要来源。这两个过程都是整个生物圈物质循环所不可缺少的过程。

## 食物链是怎么一回事

在生态系统中,一种生物被另一种生物吞食,后者再被第三种生物吞食,彼此形成一个以食物连接起来的连锁关系,叫食物链。各种食物链在生态系统中相互交错,形成食物网。能量的流动、物质的迁移和转化,都通过食物链或食物网进行。食物链对环境中物质的转移和蓄积有重大影响。某些自然界不能降解的重金属元素或有毒物质,在环境中的起始浓度不一定很高,但可以通过食物链逐级放大,污染物随着食物链而使高位营养级生物体内的浓度比低位营养级生物体内浓度逐渐放大,称为生物放大作用。例如DDT(一种杀虫剂)通过食物链在各种生物体内的浓度逐级放大,生物体内DDT的浓度可比湖水高出数万到数十万倍。

DDT含量1　　　　265倍　　　　500倍　　　　8.5万倍

生物放大作用是与食物链有关的。但是,生物体内污染物浓度增加还和生物积蓄作用和生物浓缩作用有关。

生物积蓄和生物浓缩作用,使生物体内某种元素或化合物的浓度高于环境浓度,食物链的生物放大作用则使食物链上营养级较高的生物体内元素,或化合物的浓度高于营养级比它低的生物体内的含量。因此,进入环境中的微量毒物,可通过生物浓缩作用、生物蓄积作用和生物放大作用,使高位营养级的生物受到毒害,最终威胁人类健康。

环境与人类生活

## "绿色宝库"可能变成"人造沙漠"

养育着亿万生灵的地球，已经度过了46亿个春秋。在这漫长的岁月中，地球从单纯的物理环境进入到化学环境，为生物的产生和发展提供了条件。

大自然的发展和进化是相辅相成的。生物圈的形成和作用促使了土壤圈的产生，土壤圈又反过来大大地促进了生物圈的发展。从无机到有机，从环境到生物，再从生物到环境。这一往复循环的过程告诉我们，单纯的生物并不就是生命，生命应该是生物加环境。如果破坏了生物赖以生存的环境，生物也就不复存在。但是，对生物和环境之间的辩证关系，人类是通过长期的实践后才逐步认识的。即使在科学发达的今天，仍然有许多人对它不甚了解。也正因为如此，自然环境才遭到如此破坏。就举世闻名的"动植物王国"西双版纳来说，国家在此划定的四个自然保护区中，大勐笼已被彻底破坏，其他三个的面积也在逐年缩小。西双版纳原有独特的珍稀动植物，如亚洲象、印度野牛、长臂猿、犀鸟、孔雀、孟加拉虎以及望天树、云南石樟、番龙眼、山桂花、清香木等，都面临灭绝或逐渐消失的境地。我国另一个原来保护得较好的原始森林——湖北西北部的神农架，树木也遭到严重破坏。被联合国有关机构列为国际自然保护区以及"人与动物圈"生态系统定位研究站的广东鼎湖山，在1955年还有数量众多的老虎、豹、大灵猫等兽类，后来由于各种原因，早已绝迹；原有的大量珍禽异鸟，现在数量也十分稀少。

以上列举的现象是相当普遍和严重的，它使得我国的自然环境和生物资源遭到惊人的浩劫。其实，大自然的生态平衡受到破坏，遭难的不仅是珍稀动植物，它还必然危及人类的生活和生存。海南岛几乎3/4的原始森林遭到破坏后，岛上雨量明显减少，水土大量流失。森林的破坏，也导致气候变异，严重影响农业。长此下去，"绿色宝库"就有可能变成"人造沙漠"。

## 绿色植物是天然的"氧气制造厂"

呼吸是人生命的第一需要。一个大人一天要呼吸2万次。如果一个人几天不吃,不喝水,还可生存,但是几分钟不呼吸就可以停止生命。不但人离不开空气当中的氧气,就连各种动物、植物本身也离不开,因此仅仅依靠空气当中的氧气是不够的。那么,是谁制造了这么多的氧气呢?原来是植物,人们称植物是天然"氧气制造厂"。

地球上,只有植物能制造氧气。我们人类是吸进氧气,呼出二氧化碳。二氧化碳被绿色植物吃掉,绿色植物又吐出新鲜的氧气,供我们呼吸。植物就是这样和我们默契配合。例如,1公顷阔叶林,在生长季节每天能制造出氧气750千克,吃掉二氧化碳1000千克。绿色植物是我们生命的源泉,因此要多种草种树,保护绿色植物,让它们为人类造福。

## 什么是生物多样性

生物多样性是指地球上所有生物——动物、植物、微生物以及它们所拥有的遗传基因和生存地共同构成的生态环境。它包括生态系统多样性、遗传多样性和物种多样性3个组成部分。正是这些形形色色、千姿百态的生物和它们的生命活动,构成了自然界这个绚丽多采、生机盎然的大千世界。

生态系统多样性是指生态系统的类型极多。因为任何一个群落与它相互作用的环境合起来就可以构成一个生态系统。它们各自保持各自的生态过程,即生命所必需的化学元素的循环和各组成部分之间能量的流动。

遗传多样性是指存在于生物个体、单个物种及物种之间的基因多样性。

物种多样性是指动植物及微生物丰富的种类。据估计,地球上现存800万~1000万个物种。我国是生物物种特别丰富的国家,占世界第八位,在全球生物多样性保护行动中举足轻重。如我国广东、海南、广西、福建、四川、云南等热带、亚热带省区,都蕴藏着丰富的生物资源,对生物多样性的开发和利用有着巨大的经济和科学价值。

生物多样性是大自然的宝贵财富。人类保护生物多样性,不但可使生态环境保持平衡,保证生物种群的持续发展,而且通过对野生动植物的研究,合理地利用生物资源,可以满足人类各方面的需要。比如,野生动植物中还存在各种优良性状的基因,为农作物品种改良和基因工程研究提供巨大的基因库。

## 森林是天然蓄水池

人们常说,森林是天然的蓄水库,是保持水土的卫士,这是十分有道理的。有了森林,地面就不怕风吹水冲,水土不易流失。防护林带能大大

郁郁葱葱的森林含水量丰富

减弱风力;暴雨碰到森林也会被阻挡,雨水沿着树叶枝干慢慢地流到地上,被枯枝、落叶、草根、树皮所堵截,使水分容易渗到地下去,而不会很快流走。

从森林地区分布上看,森林多集中于江河的上游,具有重要的水源涵养作用。据统计,每平方千米的森林可贮存5～10吨水。下雨天,茂密森林的树冠能截留15%～40%的降水量。五年生的刺槐林为27.5%;七年生油松林截留的雨量为降雨量的30.1%;十年生的柞树林为36.1%。降雨强度越小,被树冠截流的雨量也越多。其他的雨水经由树木流到林地上,除5%～10%从林地表面蒸发外,有50%～80%的雨水被林地上的植被和松软的枯枝落叶层及腐殖层吸收。林地上的枯枝落叶的吸水量一般可达自身重量的40%～260%,如油松为40%,刺槐为120%,柞树为180%。腐殖层吸水量相当于自身重量的2～4倍。这些截流作用大大减少了落到地面的雨量,也就削弱了雨滴对地面的打击、侵蚀能力,大大地减低地表径流速度和土壤侵蚀,从而保持了水土,涵养了水源。

可见,森林涵养水源,保持水土的功能很大,真可谓是"天然蓄水库"。

## 营造农田防护林

营造农田防护林,就是利用森林的生态防护功能,改善农事活动的生态环境,以保证农业的稳产、高产。

农田防护林的防护作用主要是通过林带的防风作用来改善农田小气候,防风沙的作用显著。它通过降低风速和改变气流的涡动性质,从而改变了气流结构和降低了气流功能。据观测,林带的有效防护距离通常只有15～30倍树高。降低风速的范围,一般在林带的背风面最远可达树高50倍距离;在迎风面最远可达树高的10倍。

林带的防风作用大小决定于气流经过林带的方向和动力特征,不同结构的林带防风作用大小和防护性质是有差异的。林带结构一般分为3种类型:通风结构的林带防风距离最远;疏透结构次之;最差的是紧密结构的林带。

由于林带降低了风速,从而改善了林带间的农田小气候,调节了气温,增加了空气湿度,减少蒸发量,这样便提高了水分在植物体内的有效生理作用和对于热灾害的抵抗力。

同时,由于林带背风面风速变小,随风飘来的有机

**网格状农田防护林**

质土粒降落下来,使林带庇护范围内耕作层土壤物理黏粒增多,改良了土壤质地。据测定在树高5~20倍处,物理粘粒增加59%~79%,有机质含量提高15%~36%,农作物的生长发育情况明显地好于空旷区。

由于采取营造农田防护林和水土保持林相结合的生物措施与工程措施相结合,以及乔灌木相结合的防治措施,很好地保持了水土,固定了基本因块,扩大了耕地面积,产生了良好的治理效果。

农田防护林的各种有益作用,综合反映在粮食增产上,它不仅能保证农业稳产丰产,还可以生产木材,增加收入。各地还通过修枝、打杈,解决了部分烧柴问题。

## 我国的生态环境问题

和世界上其他国家一样,我国在经济发展中也遇到了环境恶化这个棘手的难题。目前,我国以城市为中心的环境污染不断加剧,并正向农村蔓延。在一些经济发达、人口稠密地区,环境污染尤为突出。森林减少、沙漠扩大、草原退化、水土流失、物种灭绝等生态破坏问题也日趋严重。环境恶化目前已经成为制约我国经济发展、影响社会安定、危害公众健康的一个重要因素,成为威胁中华民族生存与发展的重大问题,

而经济的高速发展和人口的持续增长又给我国的资源和环境带来了更大的压力和冲击。

大气污染十分严重。全国城市大气总悬浮微粒浓度年日均值为320微克/立方米,污染严重的城市超过800微克/立方米,高出世界卫生组织标准近10倍。参加全球大气监测的北京、沈阳、西安、上海、广州5座城市,都排在全球监测的50多座城市里污染最严重的10名之中。全国酸雨覆盖面积已占国土面积的29%,而且

酸雨腐蚀后的森林

酸雨严重区已越过长江,向黄河流域蔓延,青岛也监测到酸雨,全国每年造成的经济损失达140亿元。以长沙、赣州、怀化、南昌等地为代表的华中酸雨区,20世纪90年代以来,已成为全国最严重的酸雨区,其中心区域年均pH值低于4.0,酸雨频率高于90%。

水污染非常突出。全国七大水系近一半的监测河段污染严重,86%的城市河段水质超标。据对15个省市29条河流的监测,有2800千米河段的鱼类基本绝迹。淮河流域191条支流中,80%的水呈黑绿色,一半以上的河段完全丧失使用价值,沿岸不少工厂被迫停产,一些地区农作物绝收。1994年7月,淮河发生特大污染事故,两亿吨污水排入干流,形成70千米长的污染带,使苏、皖两省150多万人无水可饮。各地由于水污染导致的停工、停产及纠纷事件频频发生。

噪声和固体废物加剧。全国有2/3的城市居民生活在超标的噪声环境中。工业固体废物和生活垃圾已累积70多亿吨,仍以六七亿吨/年的速度增加,垃圾"围城"现象十分普遍,受污染耕地达1.5亿亩以上。危险废物大多未得到有效处置,随意堆放形成重大环境隐患。

生态环境日益恶化。一些地区盲目发展污染严重的企业和不合理地开发资源,造成了严重的环境污染和生态破环,加剧了植被破环、水土流失和土地沙化,致使一些生态环境脆弱地区陷于人畜无饮水、草木难生长的境地。

环境污染严重威胁着人民的身体健康。贵州省务川县从事土法炼汞的农民中,有97%的人有汞中毒症状;安徽省奎河污染严重的地区,人群癌症发病率高达1024/(10万),超过全国平均水平10多倍。各地污染纠纷和群众来信来访逐年增加,由此酿成的械斗等流血冲突和人员伤亡时有发生,已开始影响社会稳定。

我国的环境问题引起社会各界乃至国际社会的关注。许多专家学者提出,在环境问题上如果不及时采取切实有效的措施,不仅将在很大程度上抵消经济建设和改革开放取得的成果,而且可能重蹈20世纪50年代人口问题的覆辙,应当引起我们的高度重视。

### 环境灾害与人类活动

# 环境灾害与人类活动

## 自然灾害

自然灾害是人类依赖的自然界中所发生的异常现象,自然灾害对人类社会所造成的危害往往是触目惊心的。它们之中既有地震、火山爆发、泥石流、海啸、台风、洪水等突发性灾害,也有地面沉降、土地沙漠化、干旱、海岸线变化等在较长时间中才能逐渐显现的渐变性灾害,还有臭氧层变化、水体污染、水土流失、酸雨等人类活动导致的环境灾害。这些自然灾害和环境破坏之间又有着复杂的相互联系。人类要从科学的意义上认识这些灾害的发生、发展以及尽可能减小它们所造成的危害,已是国际社会的一个共同主题。

地球上的自然变异,包括人类

**自然灾害——洪水**

## 环境与人类生活

活动诱发的自然变异,无时无地不在发生,当这种变异给人类社会带来危害时,即构成自然灾害。因为它给人类的生产和生活带来了不同程度的损害,包括以劳动为媒介的人与自然之间,以及与之相关的人与人之间的关系。灾害都是消极的或具有破坏的作用。所以说,自然灾害是人与自然矛盾的一种表现形式,具有自然和社会两重属性,是人类过去、现在、将来所面对的最严峻的挑战之一。

世界范围内重大的突发性自然灾害包括:旱灾、洪涝、台风、风暴潮、冻害、雹灾、海啸、地震、火山、滑坡、泥石流、森林火灾、农林病虫害等。

我国自然灾害种类繁多。地震、台风、暴雨、洪水、内涝、高温、雷电、大雾、灰霾、泥石流、山体滑坡、海啸、道路结冰、龙卷风、冰雹、暴风雪、崩塌、地面塌陷、沙尘暴等等,每年都要在全国和局部地区发生,造成大范围的损害或局部地区的毁灭性打击。

## 土地荒漠化

什么是土地荒漠化?通俗地讲,就是土地变成荒漠。联合国给荒漠化下了这样的定义:荒漠化是指包括因自然变异和人类活动在内的干旱、半干旱和亚湿润地区的土地退化。其中包括:①风蚀和水蚀致使土壤物质流失;②土壤的物理、化学和生物特性或经济特性退化;③自然植被长期丧失。

土地一旦荒漠化,就会给人们的生产和生活带来灾难。沙区每年八级以上的大风日数有30~100天,流沙侵袭,掩没农田、牧场、城镇、村庄、道路和水利设施,淤积河床,造成水患,污染环境。荒漠化摧毁人类赖以生存的土地和环境,导致贫困加剧和人口迁徙以至造成社会动荡。

追究荒漠化的责任,人类不合理的活动首当其冲,如耕作技术落后、乱砍滥伐、过度放牧、过度开发边远地区和过度开采地下水资源。这些极端行为破坏了植被重建和土壤稳定,使土地成为只生长不可食用的杂草或寸草不生的荒漠。当然,自然地理条件和气候大幅度变异等也是引起荒漠化的重要原因。

## 自然灾害的形成与发展

凡危害动植物的各类事件通称之为灾害。纵观人类的历史可以看出,灾害的发生原因主要有2个:①自然变异;②人为影响。因此,通常把以自然变异为主因的灾害称之为自然灾害,如地震、风暴、海啸等;将以人为影响为主因的灾害称之为人为灾害,如人为引起的火灾、交通事故和酸雨等。

自然灾害形成的过程有长有短,有缓有急。有些自然灾害,当致灾因素的变化超过一定强度时,就会在几天、几小时甚至几分钟、几秒钟内表现为灾害行为,像火山爆发、地震、洪水、飓风、风暴潮、冰雹等,这类灾害称为突发性自然灾害。旱灾、农作物和森林的病、虫、草害等,虽然一般要在几个月的时间内成灾,但灾害的形成和结束仍然比较快速、明显,所以也把它们列入突发性自然灾害。另外还有一些自然灾害是在致灾因素长期发展的情况下,逐渐显现成灾的。如土地沙漠化、水土流失、环境恶化等,这类灾害通常要几年或更长时间的发展,则称之为缓发性自然灾害。

许多自然灾害,特别是等级高、强度大的自然灾害发生以后,常常诱发出一连串的其他灾害接连发生,这种现象叫灾害链。灾害链中最早发生的起作用的灾害称为原生灾害;而由原生灾害所诱导出来的灾害则称为次生灾害。自然灾害发生之后,破坏了人类生存的和谐条件,由此还可以导生出一系列其他灾害,这些灾害泛称为衍生灾害。如大旱之后,地表与浅部淡水极度匮乏,迫使人们饮用深层含氟量较高的地下水,从而导致了氟病,这些都称为衍生灾害。

当然,灾害的过程往往是很复杂的,有时候一种灾害可由几种灾因引起，或者一种灾因会同时引起好几种不同的灾害。这时，灾害类型的确定就要根据起主导作用的灾因和其主要表现形式而定。

# 气象灾害

**气象灾害的特点**

大气对人类的生命财产和国民经济建设及国防建设等造成的直接或间接的损害，被称为气象灾害。它是自然灾害中的原生灾害之一。气象灾害的特点是：

（1）种类多。主要有暴雨、洪涝、干旱、热带气旋、霜冻低温等冷冻害、风雹、连阴雨和浓雾及沙尘暴等其他灾害共 7 大类 20 余种；如果细分可达数十种甚至上百种。

（2）范围广，一年四季都可出现气象灾害；无论在高山、平原、高原、海岛，还是在江、河、湖、海以及空中，处处都有气象灾害。

**暴雨洪涝**

（3）频率高。我国从 1950～1988 年的 38 年内每年都出现旱、涝和台风等多种灾害，平均每年出现旱灾 7.5 次，涝灾 5.8 次，登陆我国的热带气旋 6.9 个。

（4）持续时间长。同一种灾害常常连季、连年出现。例如，1951～1980 年华北地区出现春夏连旱或伏秋连旱的年份有 14 年。

（5）群发性突出。某些灾害往往在同一时段内发生在许多地区如雷雨、冰雹、大风、龙卷风等强对流性天气在每年 3～5 月常有群发现象。1972 年

4月15～22日，从辽宁到广东共有16个省、自治区的350多县、市先后出现冰雹，部分地区出现10级以上大风以及龙卷风等灾害天气。

（6）连锁反应显著。天气气候条件往往能形成或引发、加重洪水、泥石流和植物病虫害等自然灾害，产生连锁反应。

（7）灾情重。联合国公布的1947～1980年全球因自然灾害造成人员死亡达121.3万人，其中61%是由气象灾害造成的。

气候作为一种资源对人类生产和生活具有重要作用，但同时，大气也对人类的生命财产和经济建设以及国防建设等造成了直接或间接的损害，我们称之为气象灾害。

**气象灾害的种类**

气象灾害，一般包括天气、气候灾害和气象次生、衍生灾害。

天气、气候灾害，是指因台风（热带风暴、强热带风暴）、暴雨（雪）、雷暴、冰雹、大风、沙尘、龙卷风、大（浓）雾、高温、低温、连阴雨、冻雨、霜冻、结（积）冰、寒潮、干旱、干热风、热浪、洪涝、积涝等因素直接造成的灾害。

气象次生、衍生灾害，是指因气象因素引起的山体滑坡、泥石流、风暴潮、森林火灾、酸雨、空气污染等灾害。

霜　冻

气象灾害有19种，主要有以下种类：

（1）暴雨：山洪暴发、河水泛滥、城市积水；

（2）雨涝：内涝、渍水；

（3）干旱：农业、林业、草原的旱灾，工业、城市、农村缺水；

（4）干热风：干旱风、焚风；

### 环境与人类生活

(5) 高温、热浪：酷暑高温、人体疾病、灼伤、作物逼熟；

(6) 热带气旋：狂风、暴雨、洪水；

(7) 冷害：由于强降温和气温低造成作物、牲畜、果树受害；

(8) 冻害：霜冻，作物、牲畜冻害，水管、油管冻坏；

(9) 冻雨：电线、树枝、路面结冰；

(10) 结冰：河面、湖面、海面封冻，雨雪后路面结冰；

(11) 雪害：暴风雪、积雪；

(12) 雹害：毁坏庄稼、破坏房屋；

(13) 风害：倒树、倒房、翻车、翻船；

(14) 龙卷风：局部毁坏性灾害；

(15) 雷电：雷击伤亡；

(16) 连阴雨（淫雨）：对作物生长发育不利、粮食霉变等；

(17) 浓雾：人体疾病、交通受阻；

(18) 低空风切变：（飞机）航空失事；

(19) 酸雨：作物等受害。

**影响我国的主要气象灾害**

气象灾害是自然灾害中最为频繁而又严重的灾害。我国是世界上自然灾害发生十分频繁、灾害种类甚多，造成损失十分严重的少数国家之一。每年由于干旱、洪涝、台风、暴雨、冰雹等灾害危及到人民生命和财产的安全，国民经济也受到了极大的损失，而且，随着经济的高速发展，自然灾害造成的损失亦呈上升发展趋势，直接影响着社会和经济的发展。

干　旱

干旱是在足够长的时期内，降水量严重不足，致使土壤因蒸发而水分亏损，河川流量减少，破坏了正常的作物生长和人类活动的灾害性天气现象。其结果造成农作物、果树减产，人民、牲畜饮水困难，及工业用水缺乏等灾害。干旱是影响我国农业最为严重的气象灾害，造成的损失相当严重。据统计，我国农作物平均每年受旱面积达3亿多亩，成灾面积达1.2亿亩，每年因干旱减产平均达100亿~150亿千克，每年由于缺水造成的经济损失达2000亿元。目前，全国420多个城市存在干旱缺水问题，缺水比较严重的城市有110个。全国每年因城市缺水影响产值达2000亿~3000亿元。

暴　雨

暴雨是短时内或连续的一次强降水过程，在地势低洼、地形闭塞的地区，雨水不能迅速排泄，造成农田积水和土壤水分过度饱和，给农业带来灾害；暴雨甚至会引起山洪暴发、江河泛滥、堤坝决口，给人民和国家造成重大经济损失。我国气象部门规定，24小时降水量为50毫米或以上的雨称为"暴雨"。长江流域是暴雨、洪涝灾害的多发地区，其中两湖盆地和长江三角洲地区受灾尤为频繁。1983、1988、1991、1998和1999年等都发生过严重的暴雨洪涝灾害。

暴　雨

热带气旋（台风）

热带气旋是在热带海洋大气中形成的中心温度高、气压低的强烈涡旋的统称。台风会造成狂风、暴雨、巨浪和风暴潮等恶劣天气，是破坏力很强的天气现象。近年来，因其造成的损失年平均在100亿元人民币以上，像2004年在浙江登陆的"云娜"，一次造成的损失就超过100亿元人民币。

冰　雹

冰雹灾害是指在对流性天气控制下，积雨云中凝结生成的冰块从空中降落而造成的灾害。冰雹常常砸毁大片农作物、果园，损坏建筑物，威胁人类安全，是一种严重的自然灾害，通常发生在夏、秋季节里。我国冰雹灾害发生的地域很广。据统计，农业因冰雹受灾面积的重灾年达9900多万亩（1993年），轻灾年也有5600多万亩（1994年）。

低温冷冻

低温冷冻灾害主要是冷空气及寒潮侵入造成的连续多日气温下降，致使作物损伤及减产的农业气象灾害。严重冻害年如1968、1975、1982年，因冻害死苗毁种面积达20%以上。1977年10月25～29日强寒潮使内蒙古、新疆积雪深0.5米，草场被掩埋，牲畜大量死亡。

冰　雹

雪　灾

雪灾是长时间大量降雪造成大范围积雪成灾的自然现象。危害有：严重影响甚至破坏交通、通讯、输电线路等生命线工程，对人民生产、生活影响巨大。2005年12月山东威海、烟台遭遇40年来最大暴风雪，此次暴风雪造成直接经济损失达3.7143亿元。

回顾我国历史上出现的比较严重的气象灾害，干旱、暴雨洪涝以及热带气旋导致的台风是我国最为常见、危害程度最为严重的灾害种类。在气象灾害中，干旱也是我国影响面最大、最为严重的灾害。旱灾的特点是范围广、时间长、影响远。在我国，暴雨洪涝灾害是仅次于旱灾的气象灾害。此外，雷击、沙尘暴、霜冻、冰雹、雾灾等在我国也是经常发生的危害较大的气象灾害。

# 海洋灾害

海洋灾害是指源于海洋的自然灾害。海洋灾害主要有灾害性海浪、海冰、赤潮、海啸和风暴潮、龙卷风；与海洋与大气相关的灾害性现象还有厄尔尼诺现象和拉尼娜现象、台风等。

**风暴潮**

风暴潮是由台风、温带气旋、冷锋的强风作用和气压骤变等强烈的天气系统引起的海面异常升降现象，又称"风暴增水"、"风暴海啸"、"气象海啸"或"风潮"。风暴潮会使受到影响的海区的潮位大大地超过正常潮位。如果风暴潮恰好与影响海区天文潮位高潮相重叠，就会使水位暴涨，海水涌进内陆，造成巨大破坏。

风暴潮

如1953年2月发生在荷兰沿岸的强大风暴潮，使水位高出正常潮位3米多。洪水冲毁了防护堤，淹没土地80万英亩，导致2000余人死亡。又如1970年11月12～13日发生在孟加拉湾沿岸地区的一次风暴潮，曾导致30余万人死亡和100多万人无家可归。

风暴潮按其诱发的不同天气系统可分为3种类型：①由热带风暴、强热带风暴、台风或飓风（为叙述方便，以下统称台风）引起的海面水位异常升高现象，称之谓台风风暴潮；②由温带气旋引起的海面水位异常升高现象，称之谓风暴潮；③由寒潮或强冷空气大风引起的海面水位异常升高现象，称之谓风潮。以上3种类型统称为风暴潮。

台风和飓风都是产生于热带洋面上的一种强烈的热带气旋，只是发生地点不同，叫法不同。在北太平洋西部、国际日期变更线以西，包括南中国海范围内发生的热带气旋称为台风；而在大西洋或北太平洋东部的热带气旋则称飓风，也就是说在美国一带称飓风，在菲律宾、中国、日本一带叫台风。

## 海啸

海啸是由水下地震、火山爆发或水下塌陷和滑坡所激起的巨浪。破坏性地震海啸发生的条件是：在地震构造运动中出现垂直运动；震源深度小于 20～50 千米；里氏震级要大于 6.50。而没有海底变形的地震冲击或海底弹性震动，可引起较弱的海啸。水下核爆炸也能产生人造海啸。尽管海啸的危害巨大，但它形成的频次有限，尤其在人们可以对它进行预测以来，其所造成的危害已大为降低。

海 啸

## 灾害性海浪

"灾害性海浪"是海洋中由风产生的具有灾害性破坏的波浪，其作用力可达 30～40 吨/平方米。

## 赤潮

水域中一些浮游生物暴发性繁殖引起的水色异常现象成为赤潮，它主要发生在近海海域。在人类活动的影响下，生物所需的氮、磷等营养物质大量进入海洋，引起藻类及其他浮游生物迅速繁殖，大量消耗水体中的溶解氧量，造成水质恶化、鱼类及其他生物大量死亡的富营养化现象，这是引起赤潮的根本原因。由于海洋环境污染日趋严重，赤潮发生的次数也随

赤 潮

之逐年增加。香港海域曾发生了历史上最严重的一次赤潮。由于赤潮的频繁出现，使海区的生态系统遭到严重破坏，赤潮生物在生长繁殖的代谢过程和死亡的赤潮生物被微生物分解等过程中，消耗了海水中的氧气，鱼、贝因窒息而死。另外，赤潮生物的死亡，促使细菌大量繁殖，有些细菌能产生有毒物质，一些赤潮生物体内及其代谢产物也会含有生物毒素，引起鱼、贝中毒病变或死亡。

ENSO 事件

以赤道东太平洋水域表层水温异常增高和降低为主要特征的厄尔尼诺及反厄尔尼诺事件，所造成的全球性天气气候异常，正引起国内外海洋气象专家的极大重视。人们不仅发现了热带海洋中的厄尔尼诺现象与发生在大气中的南方涛动密切相关，统称为 ENSO 事件；并进一步发现 ENSO 事件也并非大气和海洋独有的异常现象，而是地球四大圈共同存在的大致同步的异常现象。这些研究，对进一步揭示厄尔尼诺及反尼尔尼诺现象有积极意义。

海洋与大气相互作用关系十分复杂，任何一种海洋和大气现象的出现，对全球各个不同地区的影响也不尽相同，厄尔尼诺现象也是如此。既是大气与海洋相互作用的结果，反过来又在不同程度上影响着不同地区的大气和海洋。它的出现，往往使南美洲西海岸形成暴雨和洪水泛滥，给东南亚、澳大利亚和非洲带来的却是干旱少雨。厄尔尼诺年西太平洋台风位置偏东偏南，生成及登陆我国数量减少，夏季东北气温偏低，已为我国不少专家所证实。但是年度和夏季降水多少及旱涝分布，不同

可怕的风暴潮

地区和不同学者结论不尽一致，甚至大相径庭。这与资料年限不等和分析

着眼点不无关系。

海洋自然环境发生异常或激烈变化，导致在海上或海岸发生的灾害称为海洋灾害。海洋灾害主要指风暴潮灾害、海浪灾害，海冰灾害、海雾灾害、飓风灾害、地震海啸灾害及赤潮、海水入侵、溢油灾害等突发性的自然灾害。

引发海洋灾害的原因主要有大气的强烈扰动，如热带气旋、温带气旋等；海洋水体本身的扰动或状态骤变；海底地震、火山爆发及其伴生之海底滑坡、地裂缝等。海洋自然灾害不仅威胁海上及海岸，有些还危及沿岸城乡经济和人民生命财产的安全。例如，强风暴潮所导致的海侵（即海水上陆），在我国少则几千米，多则20～30千米，甚至达70千米，某次海潮曾淹没多达7个县。上述海洋灾害还会在受灾地区引起许多次生灾害和衍生灾害。如：风暴潮引起海岸侵蚀、土地盐碱化。

世界上很多国家的自然灾害因受海洋影响都很严重。例如，仅形成于热带海洋上的台风（在大西洋和印度洋称为飓风）引发的暴雨洪水、风暴潮、风暴巨浪，以及台风本身的大风灾害，就造成了全球自然灾害生命损失的60%。台风每年造成上百亿美元的经济损失，约为全部自然灾害经济损失的1/3。所以，海洋是全球自然灾害的最主要的源泉。

太平洋是世界上最不平静的海洋。太平洋以其西北部台风灾害多而驰名。据统计，全球热带海洋上每年发生80多个台风，其中3/4左右发生在北半球的海洋上，而靠近我国的西北太平洋则占了全球台风总数的38%，居全球8个台风发生区之首。其中对我国影响严重，并经常酿成灾害的每年近20个，登陆我国的平均每年7个，约为美国的4倍、日本的2倍、俄罗斯等国的30多倍。若登陆台风偏少，则会导致我国东部、南部地区干旱和农作物减产。然而台风偏多或那些从海上摄取了庞大能量的强台风登陆，不仅能引起海上及海岸灾害，登陆后还会酿成暴雨洪水，引发滑坡、泥石流等地质灾害。台风登陆后一般可深入陆地500余千米，有时达1000多千米。因此，往往一次台风即可造成数十亿元乃至上百亿元的经济损失。据1931～1977年的统计，我国发生的26次强暴雨洪水中，56%就是由台风登陆后造成的。由于我国70%以上的大城市，1/2以上的人口以及55%的国民经济集中于东部经济地带和沿海地区,这些渊源于海洋的严重的自然灾害,对我国造成的经济损失和人员伤亡,已经接近或超过全国最严重的自然灾害总损失的1/2。

综合最近20年的统计资料,我国由风暴潮、风暴巨浪、严重海冰、海雾及海上大风等海洋灾害造成的直接经济损失每年约5亿元,死亡500人左右。经济损失中,以风暴潮在海岸附近造成的损失最多,而人员死亡则主要是海上狂风恶浪所为。就目前总的情况来看,海洋灾害给世界各国带来的损失呈上升趋势。

中华人民共和国成立后,由于党和政府极为重视抗灾救灾工作,一次海洋灾害造成数万、乃至10多万人丧生的事件从未发生。但由于沿海人口的增加,滨海地区城乡工农业生产的抬升以及海洋经济的发展,由于海洋灾害造成的经济损失反而呈急速上升的趋势。

# 森林火灾

森林火灾,是指失去人为控制,在林地内自由蔓延和扩展,对森林、森林生态系统和人类带来一定危害和损失的林火行为。森林火灾是一种突发性强、破坏性大、处置救助较为困难的自然灾害。

林火发生后,按照对林木是否造成损失及过火面积的大小,可把森林火灾分为森林火警(受害森林面积不足1公顷或其他林地起火)、一般森林火灾(受害森林面积在1公顷以上,100公顷以下)、重大森林火灾(受害森林面积在100公顷以上,1000公顷以下)、特大

**森林火灾**

环境与人类生活

森林火灾（受害森林面积1000公顷以上）。

人为原因是引发森林火灾最大的一个因素；其次长期的天气干燥也可能导致地面温度持续升高，森林物质易引起自燃。而且雷击也可以导致火灾的发生。

1950年以来，我国年均发生森林火灾13067起，受害森林面积653019公顷，因灾伤亡580人。其中1988年以前，全国年均发生森林火灾15932起，受害森林面积947238公顷，因灾伤亡788人（其中受伤678人，死亡110人）。1988年以后，全国年均发生森林火灾7623起，受害森林面积94002公顷，因灾伤亡196人（其中受伤142人，死亡54人），分别下降52.2%、90.1%和75.3%。

森林火灾是一种突发性强、破坏性大、处置救助较为困难的自然灾害。森林防火工作是我国防灾减灾工作的重要组成部分，是国家公共应急体系建设的重要内容，是社会稳定和人民安居乐业的重要保障，是加快林业发展，加强生态建设的基础和前提，事关森林资源和生态安全，事关人民群众生命财产安全，事关改革发展稳定的大局。简单地说，森林防火就是防止森林火灾的发生和蔓延，即对森林火灾进行预防和扑救。预防森林火灾的发生，就要了解森林火灾发生的规律，采取行政、法律、经济相结合的办法，运用科学技术手段，最大限度地减少火灾发生次数。扑救森林火灾，就是要了解森林火灾燃烧的规律，建立严密的应急机制和强有力的指挥系统，组织训练有素的扑火队伍，运用有效、科学的方法和先进的扑火设备及时进行扑救，最大限度地减少火灾损失。

森林扑火要坚持"打早、打小、打了"的基本原则。1988年1月16日国务院发布的《森林防火条例》规定：森林防火工作实行"预防为主，积极消灭"的方针。森林防火工作实行各级人民政府行政领导负责制。林区各单位都要在当地人民政府领导下，实行部门和单位领导负责制。预防和扑救森林火灾，保护森林资源，是每个公民应尽的义务。

《森林防火条例》已经于2008年11月19日国务院第36次常务会议修订通过，自2009年1月1日起执行。

因吸烟点火乱扔未熄灭的烟头，造成火灾的案例屡见报端，最典型的

环境灾害与人类活动

莫过于1987年5月大兴安岭森林火灾。此次大火共造成69.13亿元的惨重损失。事后查明,这次特大森林火灾,最初的5个起火点中,有4处系人为引起,其中2处起火点是3名"烟民"抛弃的烟头引燃的。

森林是大自然的组成部分,哪里有森林,哪里就有生命。在诸多影响森林的自然因子中,火灾对森林的影响和破坏最为严重。研究表明很多森林生态是依赖火的,火对森林的影响历史远比人对森林影响历史漫长得多。从能量的观点分析,森林生长是太阳能转换的能量积累方式之一,能量积累到一定程度就会释放出来。

火同水分、土壤、树木、动物一样是森林生态系统中的一个因子。森林中的植物利用光合作用把太阳能转化为化学能,而火烧则是森林迅速释放大量能量的过程,这一过程是生态系统物质和能量循环的一部分。火对森林和森林环境的影响和作用是多方面的,有时火的作用是短暂的,有时则是长期的。火烧后森林环境和小气候发生改变,由于林地裸露,太阳光直射,土壤表面温度增加,湿度变小。林火不但改变森林结构,而且会引起其他生态因子的重新分配,影响到森林植物群落的变化。

国内外的研究表明,火对森林的影响概括为有害作用和有益作用,火具有两重属性。有害作用一般是指森林火灾对生态系统的危害,森林火灾破坏森林生态系统平衡,火烧后森林生态系统难以恢复,如高强度、大面积的森林火灾,对森林资源和整个森林生态系统可以造成毁灭性的损失,更严重的会对居民财产、交通、大气环境和人们日常生活造成影响,因此,森林大火不仅无情毁灭森林中的各种生物,破坏陆地生态系统,而且其产生的巨大烟尘将严重污染大气环境,直接威胁人类生存条件,而且扑救森林火灾需耗费大量的人力、物力、财力,给国家和人民生命财产带来巨大损失,扰乱所在地区经济社会发展和人民生产、生活秩序,直接影响社会稳定。目前世界各国都把大面积的森林火灾作为重大自然灾害加以预防和控制。从灾害的角度讲,森林火灾是由人为和自然因素引起的失去控制的一种自然灾害。

有益火烧可以促进森林生态系统的健康发展,如低强度火烧和营用火等。有益火烧使森林生态系统的能量缓慢释放，促进森林生态系统营养物质转化和物种更新，有益于森林生态系统的健康，火烧后森林容易恢复。人们常常利用火的有益作用开展有计划有目的的火烧，火成为人类经营森林的一种工具。例如，利用计划烧除减少林地可燃物和控制病虫、鼠害，促进森林天然更新；进行炼山造林或利用火烧进行森林抚育，也可以利用火烧促进灌木生长，改善野生动物栖息环境。对于火的两重属性目前还停留在研究阶段，国内外还存在很多争论。值得一提的是，大火都是由小火酿成的，所以世界各国都把初发小火的扑救作为森林防火的关键，对于火有益的方面结论和看法大多局限于火灾后的调查研究。

## 地质灾害

自然变异和人为的作用都可能导致地质环境或地质体发生变化，当这种变化达到一定程度时，所产生的诸如滑坡、泥石流、地面下降、地面塌陷、岩石膨胀、沙土液化、土地冻融、土壤盐渍化、土地沙漠化以及地震、火山、地热害等后果，会给人类和社会造成危害，这种现象被称为地质危害。地质危害也包括派生的灾害。

**泥石流**

泥石流是在山区沟谷中，因暴雨、冰雪融化等水源激发的、含有大量泥沙石块的特殊洪流。

泥石流的形成必须同时具备以下3个条件：①陡峻的便于集水、集物的地形地貌；②丰富的松散物质；③短时间内有大量的水源。

泥石流按其物质成分可分为3类：①由大量黏性土和粒径不等的砂粒、石块组成的叫泥石流；②以黏性土为主，含少量黏粒、石块、黏度大，成稠泥状的叫泥流；③由水和大小不等的砂粒、石块组成的叫水石流。

泥石流的危害包括：对居民点的危害；对公路、铁路的危害；对水利、水电工程的危害；对矿山的危害。

## 滑　坡

滑坡上的岩石山体由于种种原因在重力作用下沿一定的软弱面（或软弱带）整体地向下滑动的现象叫滑坡。俗称"走山"、"跨山"、"土溜"等。

滑　坡

滑坡的条件：斜坡岩、土只有被各种构造面切割分离成连续状态时，才可能具备向下滑动的条件。

滑坡的活动强度：主要与滑坡的规模、滑坡速度、滑坡距离及其蓄积的位能和产生的动能有关。

滑坡的活动时间：主要与诱发滑坡的各种外界因素有关。如地震、降雨、冻融、海啸、风暴潮及人类活动等。

## 崩　塌

崩塌也叫崩落、垮塌或塌方，是陡坡上的岩体在重力作用下突然脱离母体崩落、滚动、堆积在坡脚（或沟岩）的地质现象。

按崩塌体物质的组成，崩塌可分为土崩和岩崩两大类。

崩　塌

崩塌的活动时间：崩塌一般发生在暴雨及较长时间连续降雨过程中或

稍后一段时间；强烈地震过程中；开挖坡脚过程之中或稍后一段时间；水库蓄水初期及河流洪峰期；强烈的机械振动及大爆破之后。

崩塌的地域性：西南地区为我国崩塌分布的主要地区。

### 地面下沉

地面下沉是由于长期干旱，使地下水位降低，加之过量开采地下水等导致的地壳变形现象。

### 地　震

地震是一种破坏力极大的自然灾害。除了地震直接引起的山崩、地裂、房倒屋塌之外，还会引起火灾、水灾、爆炸、滑坡、泥石流、毒气蔓延、瘟疫等次生灾害。

## 大风灾害

风力达到足以危害人们的生产活动、经济建设和日常生活的风，成为大风。

大风的危害：危害性大风主要指台风、寒潮大风、雷暴大风、龙卷风。

大风灾害

根据大风对农业生产的影响，可归纳为机械损伤、风蚀、生理危害、影响农牧业生产活动等几个方面。台风在大风危害中的破坏力最为突出。

## 热带气旋灾害

热带气旋是一种发生在热带或副热带海洋上的气旋性涡旋。

强烈的热带气旋伴有狂风、暴雨、巨浪、风暴潮,活动范围很广,具有很强的破坏力,是一种重要的灾害性天气系统。我国是世界上少数几个受热带气旋严重影响的国家之一。

## 雷 电

### 雷电的形成

伴有雷声和闪电现象的天气,气象上成为雷暴。雷暴天气时,当云层与地面之间的电位差达到一定强度时,就会发生放电现象,闪电击到地面或击中某些物体就造成雷击。据研究,雷击的电流强度通常可达几万安培,温度可达摄氏2万度。如此强大的电流和高温,其危害程度可想而知。

雷 电

### 预防雷击的措施

(1)在雷雨天,人应尽量留在室内,不要外出,关闭门窗,防止球形闪电穿堂入室。

(2)尽量不要靠近门窗、炉子、暖气炉等金属的部位,也不要赤脚站在泥地或水泥地上，脚下最好垫有不导电的物品，或坐在木椅子上等。

（3）不要在河里游泳或划船，以防雷电通过水介质击中人体。

（4）在野外遇雷雨时，尽快找一低洼或沟渠蹲下，不要在孤立的大树、高塔、电线杆下避雨。

（5）一旦有人遭到雷击，应及时进行抢救。救护方法同触电急救相同，及时做人工呼吸和体外心脏按摩等，同时急送医院。

## 浓　雾

在近低层空气中悬浮大量小水滴或冰晶微粒，使人的视线模糊不清，当人的水平能见距离下降到1000米以下时，就称雾。雾有等级之分，能见距离小于1000米，大于500米时称为轻雾；能见距离不足500米时称为大雾；能见距离不足200米时称为浓雾。

雾灾的防护措施：

1. 尽量不要外出，必须外出时，要戴上口罩，防止吸入有毒气体。
2. 尽量少在雾中活动，不要在雾中锻炼身体。
3. 行人穿越马路要当心，应看清来往车辆。

浓　雾

4. 驾驶车辆和汽车要减速慢行,听从交警指挥,乘车(船)不要争先恐后,遇渡轮停航时,不要拥挤在渡口处。

# 冰 雹

### 冰雹的种类

冰雹是从发展强盛的积雨云中降落到地面的冰块或冰球。

根据冰雹大小及其破坏程度,可将雹害分为轻雹害、中雹害和重雹害3级。冰雹对农作物的危害相当大,我国是世界上雹灾较多的国家之一。

我国降雹集中的季节主要是春夏季早秋时期。根据各地降雹季节的变化特征,可分为以下4种类型:春季多雹型、夏季多雹型、春末夏初多雹型、双峰型。

降雹日变化主要有几种类型:午后多雹型、夜雹型、中午多雹型、多峰型等。

### 冰雹的预测和防御

(1)冰雹是比较难以预报的灾害性天气,气象台以天气雷达、气象卫星监测和天气图等大量实时气象信息对冰雹天气进行追踪和外推预报。民间也有许多预报经验,如"旱年多冰雹"、"春季多陡风,夏季多冰雹"、"乌云宝塔形,下边泛红云,冰雹到眼前"等,总结起来预测的方法有6点:

①感冷热;

②辨风向:"不刮东风不天潮,不刮南风不下雹";

③看云色;

④听雷声;

⑤识闪电;

⑥观物象。

(2)冰雹来时的应对:

①得知有关冰雹的天气预报，应将人畜及室外的物品都转移到安全地带。

②冰雹来时尽量不要外出，不得已要出门时，应注意保护头、面部。

③若冰雹来时你正在室外，应马上寻找可以躲避的地方，最好是坚固的建筑物。

④若你正在驾驶汽车，或在车内，应立即将车停在可以躲避的地方，切不可贸然前行，以免受到不必要的伤害。

⑤有时，冰雹会伴有狂风暴雨，需特别注意预防及躲避。

# 自然灾害及疾病

自然灾害破坏了人与其生活环境间的生态平衡，形成了传染病易于流行的条件，因而，控制传染病便成为抗灾工作的一个重要组成部分。

自然灾害后，随着旧的生态平衡的破坏和新的平衡的建立，灾害条件所引起的传染病流行条件的改变还将存在一个时期，这种灾害的"后效应"是灾害条件下的传染病控制与其他的抗灾工作不同的一个重要特征。当自然灾害的直接后果被基本消除之后，消除其"后效应"将成为工作的重点，而且这种工作实际上将成为灾害条件下传染病控制的主要工作。

对于不同类型的自然灾害，传染病控制工作也具有不同的特征。在这个意义上，可将灾害划分为突发性灾害，包括水灾、地震、火山喷发、海啸、台风等在短时期内造成重大损害的自然灾害；渐进性灾害，包括旱灾和现在已罕见的虫灾引起的饥荒等。

# 自然灾害对传染病流行机制的影响

**饮用水供应系统被破坏**

绝大多数自然灾害都可能造成饮用水供应系统的破坏，这将是灾害发生后首当其冲的问题，常在灾害后早期引起大规模的肠道传染病的暴发和流行。

在水灾发生时，原来安全的饮用水源被掩没、被破坏或被淤塞，人们被迫利用地表水为饮用水源。这些水往往被上游的人畜排泄物、人畜尸体以及被破坏的建筑中的污物所污染，特别是在低洼内涝地区，灾民被洪水较长时间地围困，容易引起水源性疾病的暴发流行。孟加拉国水灾时曾因此造成大量的人死亡。

在地震时，建筑物的破坏也会涉及供水系统，使居民的正常供水中断，这对于城市居民的影响较为严重，而且由于管道的破坏，残存的水源极易遭到污染。海啸与风灾也可能造成这种情况。

灾害时，由于许多饮用水源枯竭，造成饮用水源集中。在一些易于受灾的缺水地区，居民往往需要到很远的地方去取饮用水。一旦这些水源受到污染，将会造成疾病的暴发流行。如四川巴塘曾因旱灾而发生过极为严重的细菌性痢疾流行。

在一些低洼盐碱地区，水旱灾害还会造成地下水位的改变，从而影响饮用水中的含盐量和pH值。当水中的pH值与含盐量升高时，有利于霍乱弧菌的增殖，因而在一些霍乱疫区，常会因水旱灾害而造成霍乱的再发，并且能延长较长时间。

**食物短缺**

尽管向灾区输送食物已成为救灾的第一任务，但当规模较大，涉及地域广阔的自然灾害发生时，局部的食物仍然难以完全避免。加之基本生活条件的破坏，人们被迫在恶劣条件下储存食品，很容易造成食品的霉变和腐败，从而造成食物中毒以及食源性肠道传染病流行。

水灾常伴随阴雨天气，这时的粮食极易霉变。最近发生的中国南方数省的一次大规模水灾过程中，就曾发生多起霉变中毒事件。当灾害发生在天气炎热的季节时，食物的腐败变质极易发生。由于腌制食品较易保存，在大规模灾害期间副食品供应中断时，腌制食品往往成为居民仅有的副食，而这也为嗜盐菌中毒提供了条件。

食物短缺还会造成人们的身体素质普遍下降，从而使各种疾病易于发生和流行。

**燃料短缺**

在大规模的自然灾害中，燃料短缺也是常见的现象，在被洪水围困的灾民中更是如此。

燃料短缺首先是迫使灾民喝生水，进食生冷食物，从而导致肠道污染病的发生与蔓延。

在严重的自然灾害后短期内难以恢复燃料供应时，燃料短缺可能造成居民个人卫生水平的下降。特别是进入冬季，人群仍然处于居住拥挤状态，可能导致体表寄生虫的滋生和蔓延，从而导致一些本来已处于控制状态的传染病（如流行性斑疹、伤寒等）重新流行。

**水体污染**

洪水往往造成水体的污染，造成一些经水传播的传染病大规模流行，如血吸虫病、钩端螺旋体病等。但洪水对于水体污染的作用是两方面的。在大规模的洪水灾害中，特别是在进行期间，由于洪水的稀释作用，这类疾病的发病并无明显上升的迹象，但是，当洪水开始回落，在内涝区域留下许多小的水体，如果这些小的水体遭到污染，则极易造成这类疾病的暴发和流行。

**居住条件被破坏**

水灾、地震、火山喷发和海啸等，都会对人们的居住条件造成大规模的破坏。在开始阶段，人们被迫露宿，然后可能在简陋的棚屋中居住相当长的时间，造成人口集中和居住拥挤。唐山地震时，在唐山、天津等大城市中，简易棚屋绵延数千米，最长时间的居住到一年以上。即使迁回原居之后，由于大量的房屋被破坏，部分居住拥挤状态仍将持续很长时间。

露宿使人们易于受到吸血节肢动物的袭击。在这一阶段，虫媒传染病的发病率可能会增加，如疟疾、乙型脑炎和流行性出血热等；人口居住的拥挤状态，有利于一些通过人与人之间密切接触传播的疾病流行，如肝炎、红眼病等。如果这种状态持续到冬季，则呼吸道传染病将成为严重问题，如流行性感冒、流行性脑脊髓膜炎等。

### 人口迁徙

自然灾害往往造成大规模的人口迁徙。唐山地震时，伤员运送直达位于我国西南腹地的成都和重庆。在城市重建期间，以投亲靠友的形式疏散出来的人口，几乎遍布整个中国。而今现在的经济条件下，灾区居民外出并从事劳务活动，几乎成了生产自救活动中最重要的形式。

人口的大规模迁徙，首先是给一些地方病的蔓延造成了条件，并使一些疾病大流行，如中世纪的黑死病，中国云南历史上最近一次鼠疫大流行，就是从人口流动开始的。

鼠　疫

人口流动造成了两个方面的问题。其一，当灾区的人口外流时，可能将灾区的地方性疾病传播到未受灾的地区。更重要的是，当灾区开始重建，人口陆续还乡时，又会将各地的地方性传染病带回灾区。如果受灾地区具备疾病流行的条件，就有可能造成新的地方病区。

人口流动带来的第二个重大问题，是它干扰了一些主要依靠免疫来控制疾病的人群的免疫状态，造成局部无免疫人群，从而为这些疾病的流行创造了条件。

在我国，计划免疫已开展得相当广泛，脊髓灰质炎、麻疹的控制已大见成效；伤寒、结核病和甲、乙型肝炎的发病率已开始下降。由于灾害的干扰，使计划免疫工作难以正常进行，人群流动使部分儿童漏种疫苗，这种情况均有可能使这类疾病的发病率升高。

一些在儿童和青年中多发的疾病,人群的自然免疫状态的疾病的流行中起着重要作用。无论是灾区的人口外流,还是灾区重建时人口还乡,都会使一些无免疫人口暴露在一个低水平自然流行的人群之中,从而造成这些疾病的发病率上升。

## 自然灾害对传染病生物媒介的影响

许多传染病并不只是在人群间辗转传播,除了人之外还有其他的生物宿主。一些疾病必须通过生物媒介进行传播。自然灾害破坏了人类、宿主动物、生物媒介以及疾病的病原体之间旧有的生态平衡,并将在新的基础上建立新的生态平衡,因此,灾害对这些疾病的影响将更加久远。

### 蝇 类

蝇类是肠道传染病的重要传播媒介,它的滋生与增殖,主要由人类生活环境的不卫生状况引起。大的自然灾害总是会对人类生活环境的卫生条件造成重大破坏,蝇类的滋生几乎是不可避免的。

地震过后,房倒屋塌。死亡的人和动物的尸体被掩埋在废墟下,还有大量的实物及其他有机物质,在温度的气候条件下,这些有机成分会很快腐败,为蝇类提供了易滋生的条件。因而,像唐山地震那样大的地震破坏,常会在极短的时间内出现数量惊人的成蝇,对灾区居民构成严重威胁。

洪水退后,溺死的动物尸体以及各种有机废物将大量地在村庄旧址上沉积下来,如不能及时消除,也会造成大量的蝇类滋生。

即使在旱灾情况下,由于水的缺乏,也会存在一些不卫生的条件,而有利于蝇类的滋生。因此,在灾后重建的最初阶段,消灭蝇类将是传染病控制工作中的重要任务。

### 蚊 类

在传播疾病的吸血节肢动物中,蚊类是最主要的,与灾害的关系也最为密切。在我国常见的灾害条件下，疟疾和乙型脑炎对灾区居民的威胁最为严重。

蚊的滋生需要小型静止的水体。因而，在大的洪灾中，行洪期间蚊子密度的增长往往并不明显。但在水退后，在内涝地区的低洼处往往留有大量的小片积水地区，杂草丛生，成为蚊类最佳繁殖场所。此时如有传染源存在，就会使该地区的发病率迅速升高。

旱灾可使一些河水断流，湖沼干涸，而这些河流与湖泊中残留的小水洼，也会成为蚊类的良好滋生场所。

在造成建筑物大量破坏的灾害如地震与风灾中，可能同时造成贮水建筑和管道的破坏。自来水的漫溢，特别是生活污水在地面上的滞留，也会成为蚊类大量滋生的环境。

灾害不仅会造成蚊类密度升高，还会造成蚊类侵袭人类的机会增加。被洪水围困的居民，由于房屋破坏而被迫露宿的居民，往往缺乏抵御蚊类侵袭的有效手段，这也是造成由蚊类传播的疾病发病率上升的重要原因。

**其他吸血类节肢动物**

在灾害条件下，主要表现为吸血节肢动物侵袭人类的机会增加，蚊类有时会机械地传播一些少见的传染病如炭疽等。人类在野草较多、腐殖质丰富的地方露宿时，容易遭到恙螨、革螨等的侵袭，在存在恙虫病和流行性出血热的地区，这种对人类的威胁就大量增加。发生在森林地区的灾害如森林火灾迫使人类在靠近灌木丛的地区居住时，会使蜱类叮咬的机会增加，并可能导致一系列的疾病如森林脑炎、莱姆病和斑点热等的流行。

**寄生虫类**

在我国，现存的血吸虫病的分布多处于一些易于受到洪涝灾害的区域，而钉螺的分布，则受到洪水极大的影响。

在平时，钉螺的分布随着水流的冲刷与浅滩的形成而不断变化。洪水条件下，有可能将钉螺带到远离其原来滋生的地区，并在新的适宜环境中定居下来。因而，洪涝灾害常常会使血吸虫病的分布区域明显扩大。

### 家　畜

家畜是许多传染病的重要宿主，例如猪和狗是钩端螺旋体病的宿主，猪和马是乙型脑炎的宿主，牛是血吸虫病的宿主。当洪水灾害发生时，大量的灾民和家畜往往被洪水围困在极为狭小的地区。造成房屋大量破坏的自然环境海，也会导致人与家畜之间的关系异常密切。这种环境，会使人与动物共患的传染病易于传播。

### 家栖及野生鼠类

家栖的和野生的鼠类是最为重要的疾病宿主，其分布与密度受到自然灾害的明显影响。

大多数与疾病有关的鼠类，在地下穴居生活，它们的泅水能力并不十分强。因而，当较大规模的水灾发生时，数量会减少；然而，部分鼠类可能利用漂浮物逃生，集中到灾民居住的地势较高的地点，从而在局部地区形成异常的高密度。在这种条件下，由于人与鼠类间的接触异常密切，便有可能造成疾病的流行。

由于鼠类的繁殖能力极强，在被洪水破坏的村庄和农田中通常遗留下可为鼠类利用的丰富食物，因而在洪水退后，鼠类密度可能迅速回升，在其后一段时间内，会出现极高的种群密度，从而促使鼠类间疾病流行，并危及人类。

干旱可能使一些湖沼地区干涸，成为杂草丛生的低地。这种地区为野生鼠类提供了优越的生活环境，使其数量高度增长。曾有报道说这种条件引起了人群流行性出血热的流行。

地震等自然灾害造成大量的房屋破坏，一些原来鼠类不易侵入的房屋被损坏，废墟中遗留下大量的食物使得家栖的鼠类获得了大量繁殖的条件。当灾后重建开始，居民陆续迁回原有的住房时，鼠患可能成为重大问题，由家鼠传播的疾病的发病率也可能上升。

## 自然灾害之后传染病的发展趋势

由于自然灾害对传染病发病机制的影响，在自然灾害之后，传染病的发病可能呈现一种阶段性的特点。

在突发性自然灾害发生时，首当其冲的是饮用水和食品的来源遭到破坏，因此，肠道传染病将是在后早期的主要威胁。特别是水源污染和食物中毒，往往累计大量的人口，应是灾后早期疾病控制的重点。

房屋的破坏使大量人口露天居住，容易受到吸血节肢动物的侵袭。但由于节肢动物的数量和传染源数量需要有一个积累过程，因此，传染病的发生通常略晚，并可能是一个渐进的过程。

人口的过度集中，使通过密切接触的传染病发病率上升。如果灾害的规模较大，灾区人口需要在检疫条件下生活较长的时间，当寒冷季节来临时，呼吸道传染病的发病率也将随之上升。

人口迁徙可能造成两个发病高峰。第一个高峰由人口外流引起，但由于病人散布在广泛的非受灾地区之内，这个发病高峰往往难以察觉，不能得到相应的重视。当灾区重建开始，外流的灾区人口重返故乡时，将出现第二个发病高峰，并往往以儿童中的发病率为特征。

最后，灾后实际上是一个生态平衡重建的过程，这一时期可能要持续两三年甚至更长一些时间。在这个期间内，人与动物共患的传染病，通过生物媒介传播的传染病，都可能呈现出与正常时间不同的发病特征，并可能具有较高的发病率。

## 自然灾害之后的传染病防治政策

鉴于自然灾害对传染病发病的上述影响，自然灾害后的传染病防治工作，应有与正常时期不同的特征，且防治的组织领导应是政府有关部门。

根据灾害时期传染病的发病特征，可将传染病控制工作划分为四个时期。

**灾害前期**

我国幅员辽阔，一些地区为自然灾害的易发地区。因此，在灾害发生前，应有所准备，其中包括传染病防治工作。

（1）基本资料的积累。为灾害时期制定科学的防治对策，应注重平时的基本资料的积累，包括人口资料、健康资料、传染病发病资料、主要的地方病分布资料以及主要的动物宿主与媒介的分布资料等。

（2）传染病控制预案的制订。在一些易于受灾的地区，如地震活跃区、大江大河下游的低洼地区以及分洪区等，都应有灾害时期的紧急处置预案，其中也应包括传染病控制预案。预案应根据每个易受灾地区的具体情况，确定不同时期的防病重点。可供派入灾区的机动队伍的配置，以及急需的防病物资、器材的储备地点与调配方案等，也应在预案中加以考虑。

由于自然灾害的突发性，不可能针对每一个可能受灾的地区制订预案，应根据一些典型地区制定出较为详细的预案，以作示范之用。

（3）机动防疫队准备。由于自然灾害的重点冲击，灾区内往往没有足够的卫生防疫和医疗力量以应对已发生的紧急情况。在突发性的灾害面前，已有的防疫队伍也往往陷于暂时的混乱与瘫痪状态。因此，当重大的自然灾害发生后，必须要派遣机动防疫队伍进入灾区，支援疾病控制工作。

（4）进入应对突发状态的准备。针对一些易受灾地区，应定期对这些机动队伍的人员进行训练，使其对主要机动方向的卫生和疾病情况，进入灾区后可能遇到的问题有所了解。在人员变动时，这些机动队伍的人员也应及时得到补充和调整，使其随时处于能够应付突发事件的状态。

**灾害冲击期**

在大规模的自然灾害突然袭击的时候，实际上不可能展开有效的疾病防治工作。但在这一时期内，以紧急救护为目的派入灾区的医疗队，就应当配备足够数量的饮水消毒和预防与处理肠道传染病的药物，并注意发生大规模传染病的征兆，做出适当处理，以控制最初的疾病暴发流行。

**灾害后期**

当灾区居民脱离险境，在安全的地点暂时居住下来时，就应系统地进行疾病防治工作：

（1）重建群众性疾病监测系统。

由于重大自然灾害的冲击，抗灾工作的繁重以及人员的流动，平时建立起来的疾病监测和报告系统在灾后的初期常常处于瘫痪状态。因而，卫生管理部门及机动防疫队伍所要进行的第一项工作，应是对其进行整顿，并根据灾民聚居的情况重新建立疫情报告系统，以便及时发现疫情并予以正确处理。监测的内容不仅应包括法定报告的传染病，还应包括人口的暂时居住和流动情况，主要疾病的发生情况，以及居民临时住地及其附近的啮齿动物和媒介生物的数量。

（2）重建安全饮水系统。

由于引水系统的破坏对人群构成的威胁最为严重，应采取一切可能的措施，首先恢复并保障安全的饮用水供应。

（3）大力开展卫生运动。

改善灾后临时住地的卫生条件，是减少疾病发生的

灾后消毒

重要环节。因此，当居民基本上脱离险境，到达安全地点后，就应组织居民不断地改善住地的卫生条件，消除垃圾污物，定期喷洒杀虫剂以降低蚊、蝇密度，必要时进行灭鼠工作。

在灾害过后开始重建时，也应在迁回原来的住地之前首先改善原住地的卫生条件。

（4）防止吸血昆虫的侵袭。

在居民被迫露宿的条件下，不可能将吸血昆虫的密度降至安全水平。因此，预防虫媒传染病的主要手段是防止昆虫叮咬。可使用一切可能的办

法，保护人群少受蚊虫等吸血昆虫的叮咬。如利用具有天然驱虫效果的植物熏杀和驱除蚊虫，并应尽可能地向灾区调入蚊帐和驱蚊剂等物资。

（5）及时发现和处理传染源。

在重大自然灾害的条件下，人口居住拥挤，人畜混杂等现象往往难于在短期内得到改善。因此，发现病人，及时正确的隔离与处理是降低传染病的基本手段。

有一些疾病，人类是唯一的传染源，如肝炎、疟疾等。因此，在灾区居民中应特别注意及时发现这类病人，并将其转送到具有隔离条件的医疗单位进行治疗。

另外，还有许多疾病不仅可发生在人类身上，动物也会成为这些疾病的重要传染源。因此，应注意对灾区的猪、牛、马、犬等家畜和家养动物进行检查，及时发现钩端螺旋体、血吸虫病及乙型脑炎感染情况，并对成为传染源的动物及时进行处理。

（6）对外流的人群进行检诊。

灾害发生后，会有大量的人群以从事劳务活动或探亲访友等形式离开灾区。因此，在灾区周围的地区，特别是大中城市，应特别加强对来自灾区的人口进行检诊，以便及时发现传染病的流行征兆。在一些地方性疾病的地区，还应对这些外来人口进行免疫预防，以避免某些地方性传染病的暴发流行。

**后效应期**

当受灾人群迁回原来住地，开始灾后重建工作，灾后的传染病防治工作便进入针对灾害后效应的阶段。

（1）对回乡人群进行检诊与免疫。

在这个阶段，流出灾区的人口开始陆续回乡，传染病防治工作的重点应转到防止在回乡人群中出现第二个发病高峰。

外出从事劳务工作的人员，可能进入一些地方病疫区，并在那里发生感染，有可能将疾病或疾病的宿主与媒介带回到自己的家乡。因此，应在回乡人员中加强检诊，了解他们曾经到达过哪些地方病疫区（如鼠疫、布氏菌病、血吸虫病等），并针对这些可能的情况进行检查，如果发现患者应立即医治。

在外地出生的婴儿往往对家乡的一些常见的疾病缺乏免疫力，因而应当加强对婴儿和儿童的检诊，以便及时发现和治疗他们的疾病。

由于对流动人口难以进行正常的计划免疫工作，在这些人群中往往会出现免疫空白，因此，对回乡人群及时进行追加免疫，是防止疾病发病率升高的重要措施。

（2）对灾区的重建和对疾病重新进行调查。

自然灾害常能造成血吸虫病、钩端螺旋体病、流行性出血热等人与动物共患的传染病污染区域扩大，并导致动物病的分布及流行强度的改变。因此，在灾后重建时期内，应当对这些疾病的分布重新进行调查，并采取相应的预防措施，以防止其在重建过程中暴发流行。

对灾区的家庭及个人而言，需要注意以下几点：

①注意饮用水的清洁，有条件的要遵照救灾人员的指导，严格用药品消毒，没有条件的也要尽可能将水煮沸后再饮用，切不可因怕麻烦而随便饮用已被污染的水。

②注意食品卫生，切忌进食一些来源不明的食物，以免遭受更大的损害。

③配合救灾人员做好灭蝇、灭蚊、灭鼠等工作，并尽一切办法防止蚊虫叮咬。

④发现异常情况，如周围有人生病、发烧、患上皮肤病等，要立即向救灾人员或有关部门报告。

⑤尽可能避免多人同住一室，并尽可能避免与动物同宿，即使是自家的家禽家畜也不行。

⑥若非必要，在没有相关人员组织、指导的情况下不要任意搬迁。外出人员也不可因关心亲友安全而贸然进入灾区。

灾后自来水等供应水中断，必须饮用地下水、消防用水等驻留水时，应注意确保饮用水安全。灾后如自来水供应中断，应以饮用瓶装水为优先考虑，或至指定地点取水煮沸后饮用。

环境与人类生活

# 人类将面临哪十大环境问题

（1）人口暴增与人体健康恶化：1999年世界人口突破了60亿大关，到2100年将翻一番。在发达国家，由于饮食、吸烟和缺少身体锻炼，循环系统疾病占死亡人数的1/4，癌症占1/5。在发展中国家，多数疾病与饮食不洁和卫生条件有关，主要患传染病和营养不良。

（2）人类居住条件差：1800年，全世界只有5000万人（占总人口5%）住在城市里；到了1985年，竟达20亿（占总人口42%）；2025年，全球城市人口将达60%。在发展中国家，人口多数住在农村地区，居住条件差；千百万人没有住房，或栖身贫民窟，或睡在马路上。

（3）土地盐碱化和土壤流失：全球土地盐碱化严重。土壤耗竭、土壤退化和土壤流失已成为全世界最严重的问题之一。

（4）森林大面积减少：自1950年以来，全世界森林面积减少了15%；至1985年，全球森林面积为41.47亿公顷。目前，热带森林继续遭到严重破坏，大片林地被毁为农耕地。

（5）沙漠化日趋扩大：日趋扩大的沙漠，威胁着全球1/3、约4800万平方千米土地，并威胁着8.5亿人的生活。

（6）物种消失：世界各地的野生生物继续受到威胁，许多物种濒于灭绝。每年非法出售野生动物产品的总价值达10亿美元。

（7）水污染加剧：目前，第三世界49%的人口有安全饮用水，12亿人缺乏安全用水，14亿人没有废水处理设施。

（8）海洋污染日益严重：每年有200亿吨污染物从河流入海。城市垃圾和污水、船舶废物、石油、工业污泥、放射性废物等大量涌入海洋。

（9）大气污染严重：全球每年排放到空气中的铅为200吨、砷78000吨、汞11000吨、镉5500吨，超出自然背景值20～300倍。

（10）有害废物污染与日俱增：全世界每年生产有害废物3.3亿吨。目前日常用品中有70000种化学品，其中35000种对人体健康不利。

## 人口剧增给环境带来的沉重压力

人类是地球生物中的消费贵族，对环境的贪婪索取和肆意破坏真是惊天地、泣鬼神。每增加一个人，地球环境就必须给他支付土地、空气、水、森林、能源和生物资源，而且这种支付必须是双份，一份用来维持这个人生命的存在，一份供这个人用作额外消费，比如破坏。

从远古到现在，人口的增长速度越来越快，人类对于环境的索取越来越多，破坏环境的力度越来越大。地球环境的资源是有限的，它正在一天天地减少；而人口的增长是无限的。如今地球上的人口总数已超过70多亿，且正在以每年2%的速度增长。也就是说，从今往后地球每年至少要增加1.2亿人。

在现代社会，人类的消费水平大大提高。发达国家如美国的人均消费又是发展中国家的几倍甚至十几倍，这种高消费势必要消耗更多的能源、水和食物，又要排出更多的废水、废气、废渣。我们知道，光生活垃圾就已是许多城市头疼的大问题了，可想而知人口剧增给环境带来的压力之大了。

人口剧增给土地资源带来了巨大压力。以我国为例，预计到21世纪30年代，我国人口将达到16亿~17亿，届时粮食总量至少需要比目前水平增加2500亿千克。有专家担忧，这增加的一部分粮食从我国哪里的耕地中产出？这些人又将居住在哪里？据科学计算，地球上生产的食物最多可以养活80亿人，这个数字，再过几十年就能达到。这就要求土地支付足以使这些人生活的粮食和生存空间。如果人类不得不靠施用大量化肥和农药来提高粮食产量，垦荒为田，那么，这些都势必以破坏环境为代价。

人口剧增自然会增加对木材的要求，乱砍滥伐使森林面积一天天减少，土地荒漠化、水土流失等生态恶化问题更趋于严重。

人口剧增会带来新的能源危机。据勘察，地球上可供开采的石油有816亿吨，天然气495亿吨，煤10万亿吨。按目前的消费状况，石油将在三四十年内采完，煤炭也只能开采250年左右。

人口剧增在一定程度上减少了水资源的总量，人类已经尝到水资源缺乏的滋味。由于人类农业、工业、生活用水量急剧增加、水资源污染严重、生态失衡导致雨量减少等原因，在全球人口刚过60亿之初，世界性的水资源已经告急，所以节约用水和开发新的淡水资源势在必行。

人口剧增对生物资源的需求量增大，由于人类吃的范围越来越广和生态环境的进一步恶化，致使生物物种大量灭绝。

总之，人类现在所面临的一切环境危机，无不与全球人口剧增有关。考虑到地球环境的承受能力，人类必须坚决彻底地有计划控制人口增长。

## 旅游业对环境造成的污染

近年来，我国的旅游业获得空前发展。现已公认，旅游业已成为经济发展的一项新的积极因素，因而被称之为"无烟工业"、"无形贸易"。

但是，旅游业也给环境带来了种种负面影响，首先是污染。由于车辆通行和能源的使用，造成了空气污染和噪声污染；游船和摩托艇排出的废水和废渣，造成了水的污染；还有，各种各样的旅游设施和混凝土建筑往往大煞风景，破坏了纯朴幽静的山林和大自然风光。其次是破坏和纠纷。大批游客纷至沓来，车水马龙，不仅会造成交通阻塞，秩序紊乱，而且使名胜古迹和野生动植物区系遭到破坏性的灾难。当地居民和"入侵"的游客之间，经常发生不可避免的冲突。为此，世界上有些著名的旅游胜地对游客给予种种限制，甚至使游客"吃闭门羹"。例如，英格兰吊石碑的圆形巨石已禁止游览，这是4000年来第一次；雅典卫城的巴台农神庙，现在只有学者和维修人员才能进去；欧洲几个著名的史前石窟壁画，现已不接待参观了；英格兰的坎特伯雷教堂5英寸（1英寸=2.54厘米）厚的石砌地面，现在被踩得只剩下1英寸了。

再有，由于人呼出的二氧化碳，人体温度，以及各种微生物、藻类、苔藓、地衣等低等生物，随着人群带到文物古迹地区，影响当地的生态环境和小气候，从而危害了文物古迹本身。如法国著名的拉斯戈石窟壁画，是旧石器时代的艺术杰作。石壁上画着处于运动状态的动物，既是平面画，又有立体感，色彩缤纷，蔚为壮观。但是，石窟向旅游者开放15年后，洞内小气候遭到破坏，壁画的颜料发生冷凝作用，洞内出现滴水现象；随后生长起藻类、苔藓等低等植物，壁画开始消失，不得不于1970年关闭了。西班牙著名的阿尔塔米拉石窟，也由于同样的原因，于1977年遗憾地关闭了。

## 地热开发也会带来环境污染

地热，素称第四能源。在世界能源日趋紧张的形势下，地热的开发利用已越来越引起众多国家的重视。我国是一个地热资源十分丰富的国家，已经发现的温泉点有2600多处。地热的取得不要燃料，从防止大气污染的角度来看，地热是一种很理想的能源。然而，地热的开发，也会带来一些环境问题。

如果大量抽提地下热水，会导致局部范围的地面下沉，带来道路毁坏，地下管道破裂、水利设施和地面建筑物破坏的后果。新西兰陶波湖北部的怀拉基地势发电部，因耗费了大量的地下热水而发生地面下沉。下沉范围直径约1000米。自1958年以来已下沉6米，平均每年下沉约15厘米。我国天津市有3个地热区，也出现了地面沉降，有的下沉超过1米。另外，地下热水的水位下降，使含水层上部空间拉大，积聚的蒸汽量剧增，因而气压加大。有人担心会引起水热爆炸。

地下热水由于温度高、压力大，溶解围岩中化学物质的能力较强，所以，它含有几十种化学元素。其中有一些是对人体有害的。如氟、砷和某些放射性元素等。地下热水的含氟量一般较高。如日本多摩川地下热水含氟60.0毫克/千克，昭和新的喷气含氟238毫克/千克，我国西藏羊八井为13.0毫克/千克，均已超过卫生标准（1.0毫克/千克）。有些地区地下热水被开发利用后就地排放，造成有害元素对饮水水源的污染。在没有大河流的平原地区，如果地下热水排放不当，势必造成对饮水水源的氟、砷等污染，引起氟中毒、砷中毒一类地方病。世界各国许多地区都是氟中毒病区。

有些地方用低温地下热水直接灌溉农田或养鱼等。这些农田里长出的粮食、蔬菜、水果等，人吃了会不会影响健康？用这种水养鱼，水中的氟、砷等元素会不会在鱼体内富集？吃了这种鱼，对人体有无影响？这些都尚待研究。

## 什么是酸雨污染

什么是酸雨呢？一般地说，酸雨与从天上落下来普通的雨明显地不同，由于它带有一种特殊的酸性物质，一旦飘进眼睛就会使人感到酸痛，甚至落到皮肤上也好像被蚊子叮了一下似的。如果从科学的角度来解释的话，我们必须采用化学上的 pH 值计量方法，pH 值是衡量物质酸碱度的数值，pH 值越小，酸性越强。正常降雨的 pH 值是 5.6，而酸雨的 pH 值都低于 5.6。

酸雨的危害性是非常大的，它能影响水体的化学结构，造成湖水酸化，严重的湖水酸化会使湖鱼绝种；它能破坏土壤正常的酸碱度，影响植物对营养的吸收；它能使森林因土壤中养分侵蚀及钙和铝平衡的改变而遭到破坏；它还能腐蚀建筑物。为什么我国故宫的汉白玉雕刻如今已斑斑驳驳呢？这全是酸雨腐蚀的结果。最要命的是酸雨直接影响和危害人体的健康。换句话说，酸雨的危害直接威胁到了人类的生存。

**酸雨的危害**

有资料表明,我国重庆曾出现过pH值为3.1的高浓度酸雨,它的危害真是太大了。自20世纪80年代以来,我国酸雨降水面积持续上升,pH值小于5.6的降水等值线已大幅度向西北移动,超过了长江和黄河。在欧洲和北美,曾出现过像柠檬汁、像醋一样的酸雨。受此影响,挪威南部5000个湖泊中有1750个已经鱼虾绝迹,德国巴伐利亚山区1/4的森林遭到毁坏,波兰有24万公顷针叶林枯萎。

酸雨影响的范围越来越广,甚至于超出了国界的限制,成为一种跨越国界的公害。人类再也不能忽视来自酸雨的威胁,自20世纪70年代瑞典第一次把酸雨作为国际问题提出以来,世界各国的环保部门和环境专家们,一直都致力于预防和治理酸雨污染。我们期待着21世纪能够解决这一全球性的重大环境问题。

# 为什么黄土高原会发生水土流失现象

根据历史记载,几千年前,黄土高原的水土流失并不严重,大部分地方都生长着茂密的森林和青草,它们像被子一样覆盖在黄土层之上。暴雨下来的时候,树枝树叶挡住了雨水,减弱雨水冲刷地面的力量。同时,森林地面上的枯枝败叶和厚厚的草皮,能像海绵一样吸收水分,使雨水不能满地横流。再加上树根草根能抓住土壤,抵抗冲刷,所以黄土高原还是一个山青水

黄土高原

绿的好地方。以后在长期封建统治下,特别是北宋以后,反动统治阶级害怕森林成为农民武装起义的聚集地,同时为了满足建造宫殿等穷奢极欲的

需要,大肆砍伐、破坏森林。另一方面,被压迫被剥削的劳动人民为了维持生活,也不得不去开垦坡地。森林被破坏以后,夏季一遇暴雨,表层的肥沃土壤被大量冲走。据计算,坡地上的耕地,平均1亩地每年流失土壤6~8吨;整个黄土高原每年被冲走的泥沙多达13.8亿吨。于是农田越来越瘠薄,产量越来越低,带到下游的泥沙,又成为淤塞江河、引起洪水泛滥的祸根。

针对造成水土流失的原因,黄土高原地区人民采用多种方法制止水土继续流失,以使黄土高原出现新面貌。

# 为什么物种会灭绝

从地球诞生之日算起,地球上总共出现过约10亿个物种,到现在留下来的只有10%,即1000万个物种。99%的物种都在漫长的生物进化过程中灭绝了。这个过程经历了30多亿年。

在人类出现以前,地球上剩下的物种已经不多。火山爆发、地壳运动、冰期出现等自然灾变,导致了生物生存环境的极端恶化,是引起生物物种大量灭绝的直接原因和首要原因。

人类出现以后,大大地改变了生物之间的生存竞争法则,使生物物种灭绝的速度越来越快。据统计,大约400年以前,地球上的生物每过三四年灭绝一种;进入20世纪,每过一年就有一种物灭绝;20世纪80年代以来,每过一个小时就有一种生物灭绝。生物物种的急剧减少,人类必须担负一定的责任。

人类的开荒、开矿、城

**被猎杀的飞禽**

市和交通建设、修筑水坝等活动，破坏了很多生物的栖息地。例如，朱鹮鸟是世界上濒临灭绝的珍贵鸟种之一，在我国主要分布于陕西秦岭山区，由于人们频繁过度的采林活动，致使朱鹮鸟丧失了生存条件，数量锐减，几乎灭绝，20世纪80年代只剩下7只朱鹮鸟。经过大力保护，到现在朱鹮鸟虽然避免了灭绝的危险，但不过只有80多只。

人类不适当地引进物种，破坏了某些区域长期以来形成的生态平衡，导致物种的减少与灭绝。

人类对野生动植物的捕杀和采集，给不少物种的生存带来困难。例如，200多年以前，北美洲野牛大约有6000万头，由于人们滥捕滥杀，最后一群野牛终于在1883年被围剿清灭。现在，尽管在北美的某些动物园里还能看到几头野牛，但作为一个野生物种，野牛实际上已因人为因素而灭绝了。

生物物种的灭绝，最终会破坏地球生态的平衡，威胁人类的生存。为了保护地球环境，为人类自身利益着想，我们必须采取有效措施使人类的生产、生活活动进一步规范化、合理化，从而保护和拯救生物物种。

## 放射性污染给人类带来哪些危害

放射性物质应用范围的迅速增加，使放射性污染问题日益突出，成为全世界人类所关注的问题。在我们生活的地球上，早就存在着放射性物质，使我们的身体受到一定剂量的照射。这种天然存在的照射，就叫天然放射本底。天然放射本底的来源有3个：宇宙射线，每人每年约接受35毫伦；土壤中的放射性元素，每人每年约接受100毫伦；人和动物体内的微量放射性元素，每人每年约接受35毫伦。在自然条件下，每人每年约接受天然放射性元素170毫伦。

所谓放射污染，是指因人工辐射源的利用而导致对环境的污染。人工的辐射源，主要是医用射线源，核武器试验产生的放射性沉降，以及原子能工业排放的各种放射性废物等。

射线的危害有近期效应和远期效应两大类。原子弹爆炸时的高强度和医疗中的大剂量射线辐射,导致白血病和各种癌症的产生,属于近期效应。而通常所指的环境的放射性污染,是指长期接受低剂量辐射,对机体造成慢性损伤的远期效应或潜在效应。如长期接受低剂量辐射,会引起白细胞增多或减少、肺癌和生殖系统病变等,可留下几年、十几年或更长时间的后遗症,甚至把生理病变遗传给子孙后代。

对环境造成放射性污染的污染源,医用射线占人工污染源的94%,占所有射线总量的30%。

核试验可造成放射性沉降污染。核试验时,大气中形成了许多裂变物质的微细粒子,它们每年有10%~20%降落到地面。根据英国人的推算,核试验如按现有规模继续下去,100年后可达到200毫居里/平方千米的放射水平。放射性沉降物与人关系最密切的是锶-90和铯-137。它们使骨癌和白血病发病率增高,对生殖腺影响也很大。

核能工业排放的各种放射性废物对海洋的污染,原子能设备的事故等均形成环境污染,给人类带来危害。

# 生活环境与身体健康

## 环境噪声会影响胎儿发育生长

近年来，噪声对生殖系统的影响特别引人注目。一些学者通过动物实验观察到，大鼠等动物在噪声作用下，性周期紊乱，尤其是发情期延长，使排出的卵细胞过熟或是多精子受精。另外，发现乳牛的乳汁分泌量降低，母鸡的产蛋量下降。究其原因，在噪声刺激下，促性腺激素分泌的节律性紊乱，这样不仅使出生率降低，而且在未受精卵和受精卵中发现有染色体异常而导致畸胎出生或流产等现象发生。

研究者还证实，胎儿在6个月时内耳已完全发育，对声音能起反应。有人测试胎儿的心跳，发现音乐可使心跳的频率有变化，胎动也会增加。胎儿熟悉母亲的心音、肠鸣音和血流的冲击声。当外界突然响起刺耳的噪声，胎儿就会剧动。1974年日本学者在日本大阪机场周围调查中发现，孕妇流产多，出生儿平均体重降低，相当于世界卫生组织规定的早产儿体重，其原因可能是在噪声的不断刺激下，使母体子宫血管收缩，从而引起胎儿发育所必需的营养素和氧气的供应不足；另外，噪声可能刺激内耳，引起脑神经发育障碍，使胎儿生长受到影响。

现在，人们发现，胎儿也能听到成年人所听不到的极低频率音调，低频抑制其活动，高频增加其活动。胎儿乐于接受低沉委婉的音乐，并能作出反应;而不愿接受尖细、高调的音响。为此,医学科学工作者对胎儿进行低调委婉的音乐训练,让父亲用低沉的音调给胎儿唱歌,经常在室内放旋律优美的音乐,婴儿出生后往往很快适应新的环境,生长发育良好。

## 汽车排出的废气对人体健康的危害

汽车给人类的生活带来极大方便,但同时也产生了严重的公害。汽车排出的废物中含有大量的污染物,主要包括一氧化碳、氮氧化物、烃类、硫化物和铅烟等。

据报道,1立方米燃料可产生360千克一氧化碳、24~48千克烃类、6~18千克一氧化氮、0.6~1.2千克硫化物、0.24千克有机酸、0.24千克氨和36克固体灰尘。又有人粗略估计,当今全世界2亿多辆汽车,每年约排出2亿吨一氧化碳、4000万吨碳氢化合物和2000万吨一氧化碳。可见汽车废气对人类的环境和健康具有多么重大的影响。

一氧化碳经过呼吸道进入肺泡被吸收后,影响血液携氧能力,并可引起头痛、头晕等症状。汽车废气中的氮氧化物与烯烃反应,能产生致癌性的硝化烯烃,动物长期吸入这种气体可以致癌。单独吸入一氧化碳后,有引起体内变性血红蛋白形成及影响中枢神经系统功能的危险。汽车废气中的烃类如苯并芘,有使人体致癌的潜在危害。长期在汽车稠密行驶的地方接触汽车排出的大量废气,特别是接触空挡时排出的大量含铅废气,能使人的

汽车污染

造血和肾脏器官受到不同程度的损害。烯烃类碳氢化合物和氮氧化物的混合物在紫外线的作用下，可以发生光化学反应，形成所谓"二次污染物"，致使大气遭受光化学烟雾的污染，其危害作用的主要表现是对眼睛和呼吸系统有明显的刺激作用。

# 微量元素与地方病

微量元素是指在生物体内含量为万分之一以下，但对生命起重要作用的特定元素。迄今已确认了14种微量元素，即铁、碘、铜、锰、锌、钴、硒、铬、锡、钒、氟、镍、硅、钼。地方病亦称生物地球化学性疾病，系指在自然环境中由于地壳元素分配的不均匀、个别微量元素的含量超过或低于一般含量而直接或间接引起生物体内微量元素平衡严重失调时产生的特殊性疾病。它有以下3个特征：

①发生在某一特定地区，同一定的自然环境有密切的关系。

②通常由微量元素失衡引起并在一定地域内流行，年代比较久远。

③有相当数量的患者表现出共同的甚至奇异的病征。

从环境地质学角度来看，地方病是由于地壳中元素分布不均匀，某些地区某种或某些元素严重不足或显著偏高所造成的。我国是一个地方病流行较严重的国家。地方病分布广、病情重、受威胁人口多，不仅严重危害了病区人民的健康，而且也阻碍着当地经济的发展。目前，我国主要的地方病有：地方性缺碘病（IDD）、地氟病、地方性硒中毒、克山病、大骨节病等。它们在时空上的分布与地质环境中的地形地貌、地质构造、地层岩性、土壤、水（地表水、地下水）等因素密切相关。

### 碘缺乏病

碘是人体必需的微量元素。人体缺碘会引起甲状腺肿大、智力下降等一系列严重后果。而缺碘症是流行广、危害大、受害人数多的一种病征。缺碘症影响到甲状腺激素的形成，影响到脑神经元的发育；影响到体格的发育和基础的代谢。碘由陆地随水进入海洋，由海洋逸出进入大气，再通过降水进入陆地，形成一个大循环。陆地生态系统中植物直接从水中、土壤中吸收碘，而动物则从植物和水、空气中获得碘；海洋生态系统中，浮游生物直接从海水和淤泥中获得碘，鱼虾、浮游动物则从水生生物中取得碘；人类则既可从动、植物中，又可直接从水中和空气中获得碘。当然不论是海洋或陆地产的动植物都要从外界获得碘。所有生物中的碘，最终都要返回土壤、海洋中，由微生物分解成元素碘，继续被植物吸收利用。

**地方性硒中毒**

硒是机体必需的微量元素，具有重要的生理功能，能防止多种疾病的发生。由于环境和区域的不同，硒的分布极不均匀，含量差异很大。但硒的摄入过多或过少都会对人体造成伤害。克山病和大骨节病都是缺硒引起的流行性地方病，而蹒跚病和碱毒病是由于土壤、饮水、食物中硒含量过高引起的地方性硒中毒，也是世界流行病。

硒是类金属元素，硒化合物一般有 $-2$、$0$、$+4$、$+6$ 四种价态。硒在地表土壤中的分布呈现地带性差异，据20多个国家报道可以看出，在地球的南北半球各有一条大致30°以上的中高纬度的缺硒分布带。在我国由东北向西南有一低硒带。克山病和大骨节病即流行于这一地带。土壤中平均含硒量约为0.1毫克/千克。

硒在天然水中以 $Se^0$、$Se^{2-}$、$Se^{4+}$、$Se^{6+}$ 状态存在。地表水和地下水的硒平均变动范围在 0.1~400 微克/升，主要决定于地质结构的特征。地表水的硒含量受pH值的影响很大。土壤中的硒以亚硒酸铁形态束缚存在，一般累积在富铁层中。在富含有机质和腐殖质的土壤中易积累硒。硒氧化成比较易溶的硒酸。由于淋溶作用硒可从土中排出。灌溉水中增加微量的硒，可明显提高植物各部分的含硒量。农作物、牧草等都对硒有一定的富集作用。在生物体内的硒都是以有机物——硒蛋白质的形式存在。将硒蛋白质水解证实硒主要以硒代半胱氨酸形式存在。

人体中硒的水平决定于硒在摄入食物的含量及其存在形式。硒化合物经消化管进入机体后都易被吸收。吸收的硒广泛分布于体内，在肝和肾中可富集,在脾、肺、心肌、骨骼肌和脑中的含量依次递减,脂肪中几乎无硒。

人和动物的食物缺硒时,体内含硒的谷胱甘肽过氧化物酶活性低;脂质过氧化物增多;生物膜磷脂中不饱和脂肪酸类,易被过氧化成脂质过氧化物,从而造成细胞内损伤。补硒则是起到清除过氧化物和自由基的作用。

**大骨节病**

大骨节病是发生于儿童,以关节软骨、骺软骨和骺软骨板变性坏死为基本病变的地方性骨病,又称柳拐子病。在我国,主要分布在东北至西藏的一个狭长高寒地带(阿坝州)。病因至今不完全清楚。在本病流行区,土壤、粮食和人发中偏低的硒含量与病情有非常明显的负相关系。水中腐殖酸总量和腐殖酸与病情有非常明显的正相关系。大骨节病区饮水中微量元素不足、过剩和失衡可能是引起营养不良性改变的因素。此外,采用"吃粮、改水、讲卫生"预防大骨节病已取得良好效果。本病发病年龄较小,一般为3~15岁儿童,手、足和踝部发病率高。

大骨节病

**氟中毒症**

氟是生命必需元素,它参与骨代谢。适量氟能维持机体正常的钙磷代谢,有防龋作用,能促进生长发育,并与生殖能力和刺激造血机能有关。但摄入过量则有毒害作用,如造成硬组织损伤,破坏钙磷代谢,抑制酶活性等,形成地方性氟中毒。氟中毒是一种全身性疾病,但以牙和骨的病变为主,如氟斑牙和氟骨症。

### 砷中毒症

砷被认为是可能的生命必需元素。在体内存在适量砷被认为有生血刺激作用和促进组织、细胞生长的功能。当然过量砷很容易导致中毒。砷的毒性,无机砷大于有机砷,三价砷大于五价砷。无机砷与蛋白质的疏基有很强的亲和力,能使很多酶,特别是能使与呼吸作用有关的酶受到抑制或失活,损害细胞正常代谢、线粒体的呼吸氧化过程和磷酸化作用。砷中毒的损害是多方面的,涉及呼吸、神经、消化、泌尿、心血管各系统。

## 为什么环境与癌病有关系

世界卫生组织有过一个估计:当前人类肿瘤中85%~90%与环境有关。癌症与环境密切相关,首先表现在癌症具有明显的地域特征。一些调查证明:不同地区的土壤、饮水、作物、食物中的微量元素各异,通过食物链进入人体的各种元素的数量便也不同,而某些元素的缺乏或过多,都能导致不同部位的肿瘤。胃癌的发病率与土壤中镁的含量呈负相关;某些金属矿区地下水及饮水受到砷污染后,多有皮肤癌发生;而在瑞典,由于饮用水中含碘量低,就导致了甲状腺癌的发病率提高。在我国的山西、河北等地食道癌高发区,土壤中的钼、铜、铁等元素含量,也较低发区的低,而氮氧化物又高于癌症低发区。

癌症与环境密切相关,又表现在它有明显的职业特征。长期与阿米脱和其他除锈剂接触的铁路工人,各部位肿瘤发病率都有升高趋势;合成染料厂中患膀胱癌的较一般人多;大量接触放射性物质的工人中,患白血病的多;铀矿工人的肺癌死亡率很高;而石棉可以引起肺癌早已为人所知。

癌症发病最明显的原因是环境污染。比如大型火力发电厂的废气、城市大量汽车排出的尾烟、家用燃料燃烧等,把大量煤烟、硫氟化物、一氧化碳、氮氧化物、焦油、粉尘等排入大气,其中焦油、粉尘、二氧化硫被认为具有较强的人体致癌作用。氮氧化物通过呼吸进入人体,与肺癌也有密切关系。水体污染中,铬、镍、镉均有致癌作用,皮肤长期接触含砷废水可引起皮肤癌。

但是,环境中同时存在着抗癌物质。如斐济岛上生长的一种植物含甙,有抗癌作用,使该岛成为著名的"无癌岛"。植物中所含的长春新碱、秋水仙酰胺、喜树碱等,也具有很强的抗癌作用。进入人体的微量元素,在适当浓度和条件下,有的有抑制肿瘤作用。如饲料中硒的含量为5~10毫克/千克时致癌,在1.0毫克/千克时对癌有抑制作用。

## 阳光紫外线为什么会使人生皮肤癌

阳光给人们带来了光、热和能量,使各种草木更加郁郁葱葱。对于人体来说,阳光有杀菌、治软骨病和增强皮肤抵抗力等多方面的重要作用,同增进健康有极为密切的关系。可是,它在一定条件下不仅会灼伤人的肌肤,还会引起癌症。

很早以前,医学科学工作者就发现了:在日光强烈、日照时间长的地区生活的人以及渔民、海员、牧民和农民等长期在阳光照射下从事生产的人,患皮肤癌的比在室内工作的人多。皮肤颜色淡的人,患皮肤癌的较多,而在身体裸露部位发生的皮肤癌又比不裸露的部位多些。后来终于发现过量的阳光紫外线照射会引起癌症,并在动物实验中得到了证实。据估计,世界上现在每年约有12万人因此而患皮肤癌。

阳光紫外线为什么会引起皮肤癌?原因是:皮肤细胞受到过量的紫外线照射后,就会损伤遗传物质DNA,而在DNA的修复过程中,或者在大量细胞死亡后存活下来的少量细胞的DNA中,有时会发生"遗传信息"的差错,使这个正常的细胞的下一代变成了癌细胞。接着,新生的癌细胞不断地分裂繁殖,使后代细胞始终保持着癌细胞的特性,最后形成了皮肤癌。

阳光中紫外线的波长,从4900埃直至400埃以下。波长为300~400埃的紫外线，只有引起皮肤黝黑的作用。而引起皮肤癌的紫外线，经过大气层中的臭氧层作用以后，到达地面的只剩下了波长为290埃以上的。所以在一般情况下，阳光并不容易引起皮肤癌。相反，人们还常利用阳光紫外线对人有益的一面来增强体质，如开展日光浴等活动。但是，大气污染严重地破坏着臭氧层，使阳光中照射到地面的短波紫外线不断地增多，引起的皮肤癌病人也逐渐增多。据估计，每增加100架现代类型的超音速喷气客机，每年就会使臭氧减少0.7%，而使皮肤癌增长1.4%。所以，必须采取各种措施保护环境，保护臭氧层。

## 空气负离子与人体健康

自1931年一位德国医生发现空气中负离子、正离子对人体的影响以后，70多年来，一直为欧、美、苏、日等国和联盟所积极研究的课题。通过对大气中正、负离子的监测、研究，人们已发现大气中，空气离子是支配大气电场强、弱和构成环境中维持生态平衡的主要因素之一。从大气中离子的轻、重比例可以看出环境污染程度的高低，如轻离子浓度高，环境污染程度相对低些；反之，污染程度高，对人体健康影响就大。随着空间的正、负离子浓度不同，轻重不同，支配着生物的生理状况也不同，对病理也有不同反应。高浓度的轻负离子，可使人们注意力集中，精神振奋，工作效率提高，对治疗呼吸系统、免疫系统、神经系统及造血系统机能等疾病均有辅助疗效。在保健上，每天吸入高浓度的轻负离子空气后，人体肺部吸氧功能可增加20%，二氧化碳排出可增加14.5%。每天进行半小时"负离子淋浴"，对人的精神、情绪、思维、记忆力等，都有一定的增强和提高。

近代科学发展，环境科学日益受人关注，人类活动范围从陆地扩展到太空、地球深处以及海洋深处。人们要进入一个人造环境，比如在潜艇、宇宙飞船、密封的空调室内等特殊环境里工作，在公共场所的电影院、宾馆、饭店、人员拥挤的百货商店或商场等地方，均要适当增加空气中的负离子浓度，才能让人精神振奋、头脑清醒、情绪稳定，有效地提高工作效率。

## 森林与人体健康

随着社会的发展，人们越来越认识到森林所具有的吸收二氧化碳、释放氧气、吸毒、除尘、杀菌、净化污水、降低噪声、防止风沙、调节气候以及对有毒物质的指示监测等作用。于是不少人开始到大自然中去感受大森林的乐趣，去领略大森林对人体的各种益处。

当你步入苍翠碧绿的林海里，会骤感舒适，疲劳消失。森林中的绿色，不仅给大地带来秀丽多姿的景色，而且它能通过人的各种感官，作用于人的中枢神经系统，调节和改善机体的机能，给人以宁静、舒适、生气勃勃、精神振奋的感觉而增进健康。

据调查，绿色的环境能在一定程度上减少人体肾上腺素的分泌，降低人体交感神经的兴奋性。它不仅能使人平静、舒服，而且还使人体的皮肤温度降低 $1℃ \sim 2℃$，脉搏每分钟减少 $4 \sim 8$ 次，能增强听觉和思维活动的灵敏性。科学家们经过实验证明，绿色对光反射率达 $30\% \sim 40\%$ 时，对人的视网膜组织的刺激恰到好处，它可以吸收阳光中对人眼有害的紫外线，使眼疲劳迅速消失，精神爽朗。

经研究，森林中的植物，如杉、松、桉、杨、圆柏、橡树等能分泌出一种带有芳香味的单萜烯、倍半萜烯和双萜类气体"杀菌素"，能杀死空气中的白喉、伤寒、结核、痢疾、霍乱等病菌。据调查，在干燥无林处，每立方米空气中，含有 400 万个病菌，而在林荫道处只含 60 万个，在森林中则只有几十个了。

绿色植物的光合作用能吸收二氧化碳，释放氧气，还能吸收有害气体。据报道，0.4 公顷林带一年中可吸收并同化 100000 千克的污染物；1 公顷柳杉林，每年可吸收 720 千克的二氧化硫。因此森林中的空气清新洁净。据日本科学家研究发现，森林和原野里有一种对人体健康极为有益的物质——负离子，它能促进人体新陈代谢，使人呼吸平稳、血压下降、精神旺盛以及提高人体的免疫力。有人测定,在城市房子里每立方厘米只有四五十个负离子,林荫处则有一两百个,而在森林、山谷、草原等处则达到1万个以上。

此外森林还有调节小气候的作用,据测定,在高温夏季,林地内的温度较非林地要低3℃~5℃。在严寒多风的冬季,森林能使风速降低而使温度提高,从而起到冬暖夏凉的作用。此外,森林中植物的叶面有蒸腾水分作用,它可使周围空气湿度提高。

总之,森林是陆地生态环境的主体,是大自然的调节器。保护森林就是保护人类生存的环境,也就是保护人类自己。让我们为保护大森林出力,让大森林为人类造福!

# 环境与过敏性疾病

我们每个人都共享一个大环境,即由大气圈、水圈、地质圈和生物圈等自然因素规程的环境,同时每个人的居室、工作和生产活动、生活习惯又构成了个人的小环境。人类要生存必须与周围的环境进行物质交换,假如环境受到污染,有害物质就可以通过呼吸道、饮食、皮肤接触等进入人体从而损害健康,过敏性疾病就是一种与环境因素密切相关的疾病。

大环境的污染对人类的呼吸道有着严重的影响,包括气候的改变(包括温度、空气湿度和气压等)、煤烟和工业及汽车废气污染构成的光化学污染;豚草等有害植物的花粉、生活垃圾霉烂产生的霉菌以及孢子等均可诱发过敏性哮喘和过敏性鼻炎的发作。与大环境污染相比,小环境的污染对过敏病患者来讲更为重要,过敏性哮喘和过敏性鼻炎患者常见的过敏原包括室内尘土、尘螨的滋生、居室通风不良、家庭豢养的狗猫鸟等宠物所脱落的皮毛及羽毛、装修时的刺激性气体(油漆、涂料和其它化工材料)、厨房的刺激性气体(油烟、煤气等)、香烟雾、化学材料(如苯、硫酸、粘合剂、福尔马林和木尘等)、杀虫剂的气味、樟脑和鞋油等异味。而对过敏性皮肤病来讲,化妆品、染发剂和进食某些过敏性食物或刺激性食物(如海

生活环境与身体健康

产品、牛奶、桃子、辣椒、芥末等）则是重要的过敏原。

此外气候和季节的变化（包括温度、空气湿度、气压和风向等）也与过敏性疾病的发生有着密切关系，如冷空气、气候潮湿是诱发哮喘、过敏性鼻炎和荨麻疹的重要原因，尘螨的繁殖也与空气湿度和温度有密切关系，春秋季的过敏病易发的原因既与温差变化较大有关，某些花粉、尘螨和霉菌也非常重要。从上述现象来看，环境与过敏性疾病的关系是非常密切的，治理好室内外环境对过敏性疾病的预防是非常重要的。

## 室内空气质量与健康

人的一生中有70%～90%的时间是在室内度过的，可见室内空气质量对人类健康的影响是多么重要。在人均居住面积没有解决的情况下，当然很难谈到改进室内空气质量。但在人们生活水平和居住条件不断改善的现在，改进室内空气质量，提高人们的健康水平就成为必然的了。

室内环境对健康的影响主要分为两大类型：一种称之为不良建筑综合症，另一种称之为建筑相关疾病。不良建筑综合症指的是在建筑物内生活和工作时会出现的症状。主要症状表现为：注意力不集中，抑郁，嗜睡，疲劳，头痛，烦恼气味，易感冒，胸闷，黏膜、皮肤、眼睛刺激等。一旦离开这种环境，症状会自然减轻或消失。建筑相关疾病（BRI）指的是由于建筑选址、设计、选材不当，造成室内空气质量不良引起的疾病，主要有呼吸道感染、心血管疾病、军团病及各种癌症（如肺癌）。离开了引起建筑相关疾病的环境，症状也不会消失。无论是不良建筑综合症，还是建筑相关疾病，都可通过改善居住环境的途径提高室内空气质量，从而降低这些症状的发生率。

人类对空气污染引起健康危害的认识是有一个过程的。人类最早关注的空气污染物是二氧化硫（$SO_2$）、二氧化氮（$NO_2$）、一氧化碳（CO）、臭氧（$O_3$）和铅（Pb），可把它们统称为"传统空气污染物"。一般来讲，传统空气污染物种类比较少；除铅以外，其他污染物不会在人体内累积，主要是引起呼吸系统疾病；除氮氧化物以外，对其他污染物引起的健康效应已有相当的了解，一般在摄入几分钟（急性）到数年（慢性）内会出现反应。随着工业的发展和人类的进步，出现了越来越多的空气污染物，可把这些统称为"非传统空气污染物"。一般来讲，非传统空气污染物种类多，在人体内都有生物累积，可以引起人体内各器官的病变（人们最关心的是癌症），目前关于非传统空气污染物对健康影响的知识了解甚少。室内空气污染物主要有以下几种形式：①悬浮颗粒物。按粒径大小又可分为总悬浮颗粒物、粒径小于10微米的悬浮颗粒物（PM10）和粒径小于2.5微米的悬浮颗粒物（PM2.5）。做饭和取暖时的室内燃烧、其他人类活动，都会使室内颗粒物浓度明显增加。许多化学污染物、生物污染物和氡衰变子体等都会附着在悬浮颗粒上，从而被人吸入体内造成危害。据研究PM10的危害大于总悬浮颗粒物，而PM2.5的危害又大于PM10。可惜现在对PM2.5的研究还很不够。②品种日益增多的化学物质。这包括上面提到的绝大部分传统空气污染物、非传统空气污染物以及其他人类致癌物质。③放射性污染。主要是氡及其短寿命衰变子体、地面g照射量率等。放射性对健康的影响主要是引起癌症发病率的增加。④生物污染。主要指细菌、病毒、霉菌、尘螨、花粉、孢子、蟑螂等造成的污染。目前国内对这方面的重视还不够，但世界卫生组织已相当重视，正在起草有关的建议书。严重急性呼吸综合症（SARS）即由生物污染引起。除此之外，物理因素造成的污染也不可忽视，主要表现为光、噪声、震动、属于非电离辐射的电磁辐射，超声、次声污染等。

有多种因素造成了室内环境质量不佳。在建筑地点的选择上要选择在通风、向阳、干燥的地方，有利于排水；要远离交通干线；地基土壤没有被污染，土壤中的放射性核素含量要在正常水平。在建筑设计上，要注意到卫生学要求。强调自然通风，要能做到每人每小时有30立方米的新风量。在建筑装修材料的选择上，要选择那些合乎标准的建筑装修材料，避免有害的化学溶剂、黏胶剂向室内释放。改掉不良生活习惯，也是保持室内良好空气质量的重要措施之一，值得重视。

保证良好的室内空气质量，当然要根据污染物的来源，采取适当措施。在所有措施中，加强室内通风，保持一定的新风量是最重要的措施。没有规矩，不能成方圆。在评价室内空气质量标准时，还必须要有室内空气质量标准。我们国家的"室内空气质量标准"已于2002年11月19日发布，并于2003年3月1日起实施。这是我们国家进行室内空气质量评价的依据。在我国的标准中，只对19种污染物给出了标准值，这当然还远远不够。各种污染物，尤其是化学污染物，要根据暴露时间给出不同的标准值。相信在下一步的修订中，必然会注意到这些问题。

## 影响空气质量的因素

城市空气污染状况取决于2个因素：污染物的排放情况和大气的扩散能力。在污染源相对稳定的情况下，污染物在大气中的扩散、迁移、流动和转化，与当时的气象条件密切相关，风向、风速、逆温层结、降水等气象因子对污染物的扩散起到重要作用。如当有降水出现，或有风的时候，往往有利于空气中污染物的扩散；反之当有雾或风很小时，往往容易出现空气污染加重。因此，开展空气质量预报使我们能够在实时监测空气污染状况的同时，根据未来气象条件的变化，预测未来空气质量状况，自觉减少或降低污染物的排放，从而达到从被动防御到主动预防的目的。

## 为什么振动对健康有害

据研究，当振动性工具的振动频率处于40～125赫兹范围时，易发生振动病。得了这种病的人，当手部受到寒冷刺激时，会引起血管抽搐，手指会突然发白或发紫，指梢发痒、麻木，还有发烧的感觉。这种病症是局部振动长期作用的结果。

对于一般人来说，经常接触到全身性的振动，这在交通运输业和重工业中比较多见。全身性振动对人体的影响与局部振动不同。在振动强度不太大，接触时间比较短时，一般不会产生重大的不舒适症状。但是，当振动强度很大，而作用时间又较长时，人体的反应会很强烈。主要表现有：头痛、头晕、疲劳、打瞌睡、噩梦、耳鸣、鼻出血、鼻部和背部发痒、胸腹痛、臀部和会阴部疼痛、口语不清、视力下降、注意力难于集中等等。情况严重的，还会出现呼吸困难、便血等症状。这类严重情况，一般发生在十分强烈的振动情况下。

## 光污染对人体的害处

### 白亮污染对人体的害处

当太阳光照射强烈时，城市里建筑物的玻璃幕墙、釉面砖墙、磨光大理石和各种涂料等装饰反射光线明晃白亮，眩眼夺目。专家研究发现，长时间在白色光亮污染环境下工作和生活的人，视网膜和虹膜都会受到不同程度的损害，视力急剧下降，白内障的发病率高达45%光亮污染还会使人头昏心烦，甚至出现失眠、食欲下降、情绪低落、身体乏力等类似神经衰弱的症状。

夏天，玻璃幕墙强烈的反射光进入附近居民楼房内，增加了室内温度，影响正常的生活。有些玻璃幕墙是半圆形的，反射光汇聚还容易引起火灾。烈日下驾车行驶的司机会出其不意地遭到玻璃幕墙反射光的突然袭击，眼睛受到强烈刺激，很容易诱发车祸。

据光学专家研究，镜面建筑物玻璃的反射光比阳光照射更强烈，其反射率高达82%~90%，光几乎全被反射，大大超过了人体所能承受的范围。长时间在白色光亮污染环境下工作和生活的人，容易导致视力下降，产生头昏目眩、失眠、心悸、食欲下降及情绪低落等类似神经衰弱的症状，使人的正常生理及心理发生变化，长期下去会诱发某些疾病。专家研究发现，长时间在白色光亮污染环境下工作和生活的人，视网膜和虹膜都会受到程度不同的损害，视力急剧下降，白内障的发病率高达45%。夏天，玻璃幕墙强烈的反射光进入附近居民楼房内，破坏室内原有的良好气氛，也使室温平均升高4℃~6℃，影响正常的生活。

**眩光污染对人体的害处**

汽车夜间行驶时照明用的头灯，厂房中不合理的照明布置等都会造成眩光。某些工作场所，例如火车站和机场以及自动化企业的中央控制室，过多和过分复杂的信号灯系统也

炫目彩光伤害人体

会造成工作人员视觉锐度的下降，从而影响工作效率。焊枪所产生的强光，若无适当的防护措施，也会伤害人的眼睛。长期在强光条件下工作的工人（如冶炼工、熔烧工、吹玻璃工等）也会由于强光而使眼睛受害。

**人工白昼对人体的害处**

夜幕降临后，商场、酒店上的广告灯、霓虹灯闪烁夺目，令人眼花缭乱。有些强光束甚至直冲云霄，使得夜晚如同白天一样，即所谓人工白昼。在这样的"不夜城"里，人们夜晚难以入睡，人体正常的生物钟被扰乱，导致白天工作效率低下。人工白昼还会伤害鸟类和昆虫，强光可能破坏昆虫在夜间的正常繁殖过程。

目前，大城市普遍过多使用灯光，使天空太亮，看不见星星，影响了天文观测、航空等，很多天文台因此被迫停止工作。据天文学统计，在夜晚天空不受光污染的情况下，人们可以看到的星星约为7000个，而在路灯、背景灯、景观灯乱射的大城市里，只能看到20~30个星星。

### 彩光污染对人体的害处

舞厅、夜总会安装的黑光灯、旋转灯、荧光灯以及闪烁的彩色光源构成了彩光污染。据测定，黑光灯所产生的紫外线强度大大高于太阳光中的紫外线，且对人体有害影响持续时间长。人如果长期接受这种照射，可诱发流鼻血、脱牙、白内障，甚至导致白血病和其他癌变。彩色光源让人眼花缭乱，不仅对眼睛不利，而且干扰大脑中枢神经，使人感到头晕目眩，出现恶心呕吐、失眠等症状。科学家最新研究表明，彩光污染不仅有损人的生理功能，而且对人的心理也有影响。"光谱光色度效应"测定显示，如以白色光的心理影响为100，则蓝色光为152，紫色光为155，红色光为158，黑色光最高，为187。要是人们长期处在彩光灯的照射下，其心理积累效应也会不同程度地引起倦怠无力、头晕、性欲减退、阳痿、月经不调、神经衰弱等身心方面的病症。

另外，有些学者还根据光污染所影响的范围大小将光污染分为室外视环境污染、室内视环境污染和局部视环境污染。其中，室外视环境污染包括建筑物外墙、室外照明等；室内视环境污染包括室内装修、室内不良的光色环境等；局部视环境污染包括书簿纸张和某些工业产品等。

### 激光污染对人体的害处

激光污染也是光污染的一种特殊形式。由于激光具有方向性好、能量集中、颜色纯等特点，而且激光通过人眼晶状体的聚焦作用后，到达眼底时的光强度可增大几百至几万倍，所以激光对人眼有较大的伤害作用。激光光谱的一部分属于紫外和红外范围，会伤害眼结膜、虹膜和晶状体。功率很大的激光能危害人体深层组织和神经系统。近年来，激光在医学、生物学、环境监测、物理学、化学、天文学以及工业等多方面的应用日益广泛，激光污染愈来愈受到人们的重视。

### 红外线污染对人体的害处

红外线近年来在军事、人造卫星以及工业、卫生、科研等方面的应用日益广泛，因此红外线污染问题也随之产生。红外线是一种热辐射，对人体可造成高温伤害。较强的红外线可造成皮肤伤害，其情况与烫伤相似，最初是灼痛，然后是造成烧伤。红外线对眼的伤害有几种不同情况，波长为7500~13000埃的红外线对眼角膜的透过率较高，可造成眼底视网膜的伤害。尤其是11000埃附近的红外线，可使眼的前部介质（角膜、晶体等）不受损害而直接造成眼底视网膜烧伤。波长19000埃以上的红外线，几乎全部被角膜吸收，会造成角膜烧伤（混浊、白斑）。波长大于14000埃的红外线的能量绝大部分被角膜和眼内液所吸收，透不到虹膜。只是13000埃以下的红外线才能透到虹膜，造成虹膜伤害。人眼如果长期暴露于红外线可能引起白内障。

**紫外线污染对人体的害处**

紫外线最早是应用于消毒以及某些工艺流程。近年来它的使用范围不断扩大，如用于人造卫星对地面的探测。紫外线的效应按其波长而有不同，波长为1000~1900埃的真空紫外部分，可被空气和水吸收；波长为1900~3000埃的远紫外部分，大部分可被生物分子强烈吸收；波长为3000~3300埃的近紫外部分，可被某些生物分子吸收。

紫外线主要是伤害人体的眼角膜和皮肤。造成角膜损伤的紫外线主要为2500~3050埃部分，而其中波长为2880埃的作用最强。角膜多次暴露于紫外线，并不增加对紫外线的耐受能力。紫外线对角膜的伤害作用表现为一种叫做畏光眼炎的极痛的角膜白斑伤害。除了剧痛外，还导致流泪、眼睑痉挛、眼结膜充血和睫状肌抽搐。紫外线对皮肤的伤害作用主要是引起红斑和小水疱，严重时会使表皮坏死和脱皮。人体胸、腹、背部皮肤对紫外线最敏感，其次是前额、肩和臀部，再次为脚掌和手背。不同波长紫外线对皮肤的效应是不同的，波长2800~3200埃和2500~2600埃的紫外线对皮肤的效应最强。

环境与人类生活

## 滨海居民为什么长寿的多

自然环境对人体的健康和寿命的重大影响，已为人们所公认。其中许多事例说明，沿海地区的环境较有利于人体健康。目前世界上平均寿命最长的国家是瑞典、冰岛、荷兰、挪威和日本，这些国家都是岛国或半岛国，都为海洋所包围。位于太平洋之中的岛国斐济，几十年来几乎没有发现癌症病例。罗马尼亚的多瑙河三角洲东临黑海，这里居民的平均寿命是该国最高的。居住在沿海地区的居民，由于大量吃用海产品，当地居民很少得癌症，冠心病、糖尿病的发病率也很低。

为什么滨海环境对人类的健康比较有利呢？有人认为：①滨海区面向海洋，海洋空气较内陆少受污染，空气成分较少含有有毒物质，而多含人体必需的微量元素，如碘、氯等阴离子，不仅能补充人体的生理需要，而且能杀菌。②滨海区海产丰富、食物种类繁多，有利于调节人体的营养平衡。因此，在我国广泛流行的地方性甲状腺肿、克山病、龋齿等疾病，很少在滨海地区发生。③滨海区的气候一般较温和湿润，不像大陆性气候那样暴冷暴热，有利于人体的新陈代谢和细胞的保护。④人们发现，一切癌症的发病率随年龄的增长而增加，这与人体中的必需元素随年龄的增长而下降，非必需元素随年龄的增长而累积的趋势有关。因此，若能满足人体对必需微量元素的需要，并控制非必需元素的累积，对人体健康大有好处。滨海区居民既食陆产品，又食海产品，生命必需元素的来源很充足。海洋是一切生物的故乡，在海水中，有毒元素的浓度很低，必需元素很容易得到。因此，海洋性食物最有利于满足人体对必需元素的需要，而又最能降低非必需元素在人体内累积的速度。

## 为什么有些地区长寿老人多

目前,人们公认世界上有四大著名长寿地区,即俄罗斯的高加索地区、巴基斯坦的洪札、厄瓜多尔的威尔卡班巴村以及我国的新疆维吾尔自治区。俄罗斯高加索地区的长寿老人最多,共有百岁老人5000人,我国的新疆自治区拥有百岁老人85人。

大量研究发现,影响人们寿命的主要因素有遗传因素、社会因素、心理因素、经济状况、生活水平、饮食营养、卫生条件、疾病、自然环境、地球化学因素等。其中,环境因素为主要因素。

据研究,多数长寿地区都在海拔500~1500米之间,年平均气温为17℃~20℃,年平均降雨量为1250~1500毫米,年平均日照时间为1400~1800小时。这些因素构成了青山绿水、气候宜人、空气新鲜、特产较为丰富的特定条件。另外,长寿地区还有一个重要特征,就是人群中冠心病、高血压、脑中风、肿瘤、糖尿病等严重威胁人们(尤其是中、老年人)健康的疾病的患病率明显低于一般地区。

调查发现,不同地质结构和地球化学成分的地区,对人的身体健康有不同的影响。尤其是周围环境中微量元素的含量,对人体健康的影响更为明显。环境中缺碘可致大脖子病,缺硒是发生克山病的重要原因。研究还发现,人们摄入的钴、硒、锌、铬等元素不足,或摄入镉等元素过多,都会导致高血压、冠心病和脑中风等病的高发。许多研究证明,环境中微量元素含量失调与恶性肿瘤的发生有密切关系。特别值得提出的是研究发现长寿地区的黄豆中含有丰富的微量元素。许多报告指出,遗传与寿命有一定关系。长寿老人的家族长寿率达60.0%~84.6%,长寿老人的染色体多没有丢失,染色体畸变率也较低。90%以上的长寿老人都是体力劳动者,其饮食也多以素食为主。

环境与人类生活

# 绿色植物与人类健康

科学家研究发现,健康长寿的人或长寿的地区几乎都远离闹市,没有污染。那里的气温、湿度适宜,森林茂密,气候凉爽,环境优雅;原野流水不断,水源清洁,空气新鲜,且含有较多的负离子。研究进一步表明,绿色植物与人体健康关系重大。

空气是人类生存的重要环境因素之一。人体与外界环境不断进行着气体交换,吸入氧气,吐出二氧化碳。通常大气中的二氧化碳含量

**绿色植物使人身心健康**

为0.04%,但由于工业的发展,对大气的污染加重,许多城市的空气中二氧化碳含量高达0.05%~0.07%,有的甚至高达0.2%。据研究,当空气中二氧化碳浓度过高时,人们的呼吸就会感到不适;二氧化碳浓度达到4%时,就会发生头痛、耳鸣、血压升高等病症;当二氧化碳浓度达到10%以上时,将会引起死亡。但是,绿色植物可以在阳光下进行光合作用,吸收二氧化碳,释放氧气。研究表明,植物每生长1吨,可以产生5吨氧,每公顷森林每天可吸收1吨二氧化碳,生产0.735吨氧气。可以说绿色植物是个巨大的"氧气制造厂"。

### 绿色植物是"解毒器"

绿色植物可以吸收空气中的有害气体,使污染的空气净化。据研究,在绿化覆盖面达30%的地段,可使空气中致癌物质下降58%,二氧化硫下降90%以上。在二氧化硫污染的情况下,臭椿叶子含硫量可超过正常含量的29.8倍;1公顷柳树林可以吸收720千克二氧化硫;银杏、松柏、石榴、

棕榈等，都有较强的抗二氧化硫能力。海桐可以吸收氟化氢。这些树木还可以吸收汽车尾气排出来的毒气，绿色植物还可吸收、过滤放射性物质。

**绿色植物是"灭菌器"**

香樟、黄连木、松树、榆树、侧柏等能分泌出一种挥发性的植物杀菌素，可杀死空气中的细菌。据报道，地球上的森林每年可向大气中散发1.7亿吨萜烯物质，这类芳香物质具有无可比拟的杀菌能力和兴奋作用。有数据表明，能分泌含有挥发性植物杀菌素的树木达300种之多。1公顷桧柏林一日内能分泌出的杀菌素多达60千克，杉、松、楼树等的分泌更多；法国梧桐、柠檬、桂树、丁香、核桃等也能分泌，可杀死白喉、肺结核、痢疾等病原体。绿色植物覆盖面积大，疾病发生就明显减少。

**绿色植物是"吸尘器"**

绿色植物对空气中的灰尘、粉尘有良好的过滤和吸收作用，并能阻挡工业粉尘向空气弥散。据测定，大气通过林带，可使粉尘量减少32%～52%，飘尘量减少30%。每公顷云杉林每年可吸滞32吨灰尘，松树林每年可吸滞36.4吨灰尘。随着灰尘在空气中的减少，支气管炎、咽炎、肺炎等呼吸道疾病都会明显减少。

**绿色植物是"消声器"**

绿色植物对声波有散射作用，当声波通过被风吹摇的树叶时，可明显减弱声波，或使声波消失。树叶表面的气孔和粗糙的毛，就像影剧院里多孔纤维吸音板一样，把噪声吸收掉。据测定，林带可吸收噪声20%～26%，令其强度降低20～25分贝。如雪松、桧柏、龙柏等的树冠能吸收音量的25%左右，同时将噪声量的50%左右反射或折射出去，将噪声消除，使森林寂静无声。人们在森林、花卉丛中静养，呼吸、心率、血压均会相应地减缓和降低。

### 绿色植物是气温的调节师

绿色植物还可调节气温。绿化覆盖率为50%的地区,当气温超过29℃时,气温约可下降14%,可消除城市"热岛"形成的酷热。据测定,酷夏沥青路面温度为49℃,混凝土路面为46℃,林荫下路面为32℃,林荫下绿茵地为28℃,真是林深不知暑。绿色植物还可调节湿度,森林中空气湿度要比城市高38%,公园中湿度比城市其他地方湿度高27%。树木强大的根系,还可不断地从土壤中吸收大量水分,经过繁茂的树叶,蒸发到空气里,从而带走一些热量,造成一个冬暖夏凉、夜暖昼凉、温差不大、湿润清新的环境,有益于健康长寿。

### 绿色植物是负氧离子"发生器"

据测定,城市室内空气中的负氧离子,每立方厘米为40～50个,室外为100～200个,而森林中可达10万～100万个。研究发现,当每立方厘米空气中负氧离子数在100个时,人就会感到倦息、头痛;当达到5000～10000个之间时,就会感到心平气和;当达到1万个以上时,就会感到神清气爽,舒适惬意;高达10万个左右,就能起到镇静、镇痛、止喘、催眠、降压、消除疲劳、调节神经等作用,有防病治病、健身益寿的功效。因此,人们把负氧离子誉为"空气维生素"、"长寿素"。

# 家里的污染

美国环境保护署的一名叫詹姆斯·吕泼斯的工程师,做了一次有趣的试验,用随身携带的一只可吸入颗粒物的监测仪,记录了他一天活动时大气中可吸入颗粒物的浓度。他一天来除了在局里上班外,曾在华盛顿市区漫步,在交通高峰期间大街上开车,中午自助餐厅进餐;晚上则在家里厨房烧晚饭。猜猜看,什么地方的污染最严重呢?

有人一定会说:是在大街开车的时候,美国大街上车那么多,街上最

◆ ◆ ◆ 生活环境与身体健康

脏了；要不就是在市区漫步的时候。检测的结果告诉我们，污染最严重的地方是家里，是家里的厨房。其次是允许吸烟的自助餐厅内。监测数据表明：虽然厨房有通风设备，但颗粒物浓度最高。这一结果真是出人意外，简直不可思议。后来环境保护工作者们在这方面做了大量的监测和研究，都得出了相同的结论。

厨房是重要的污染地

提起环境污染，人们的脑海中总是马上想到高入云天的烟囱里冒出来的滚滚浓烟，浑浊而发出臭味的河流，汽车过后尘土飞扬和摩肩接踵、人声鼎沸的大街，堆积如山的垃圾等等。确实，这些都是当今环境保护工作中亟待解决的问题。但是在人们日常生活的中心——家庭中，存在着更加直接地危害人们身体健康的污染。目前世界上更多的科学家认为，除了大环境与人体健康有关外，室内空气的质量与健康的关系更为密切。因为人的一生中大多数时间是在室内度过的，而其中又以在家里度过的时间为最多，占全部时间的 60%~70%。有人在北京燕山石化总厂做的调查表明，家庭厨房内与工厂区相比，一氧化碳高 4.5 倍，氮氧化物高 19 倍，悬浮颗粒物高 3.8 倍，而且大大超过国家规定的居民区大气有害物质标准。还有更严重的地方，如云南宣威地区，农民长期采用火塘燃烧烟煤取暖做饭，致使室内各种有害物质超过居民区大气标准 4.5~700 倍。因此居室污染日益受到人们的关注。1987 年，联合国环境规划署将这一年的世界环境日的主题确定为"环境与居住"，居室污染问题被提到了议事日程上来了。

居室之所以成为污染最严重的地方，这和人们的思想意识非常有关。人们常常对身边周围习以为常的事情熟视无睹。当人们对环境保护的重要

环境与人类生活

性有所认识的时候,大家一致把目光盯向那些令人触目惊心的公害事件和异常现象。但对人们生活最有影响的几十立方米的有限空间日益严重的环境污染,很多人却漠不关心,对来自身边的危害,有些人不以为然,不少人甚至对此一无所知。他们总觉得居室就是自己的家,是最温馨最安全的地方,是一家人欢欢乐乐团聚的地方,怎么会是污染最严重的地方?可事实就是事实。

居室内的污染主要是空气污染,污染物质的来源也十分复杂。在通常的家庭生活中由于炊事、取暖、吸烟以及其他生活内容,造成室内空气中污染物浓度远远高于室外。由此可见,不同的时间室内污染最严重的地方也可能不同。

我国许多城乡居民的炊事用燃料主要还是煤炭,哪里有火哪里就有污染。由于大部分炉具和灶具比较落后,它们的共同特点是没有烟囱的开放式低空排放;间断用火,封火时不完全燃烧时间长,加重了一氧化碳的排放;炉具、灶具的炉膛浅,煤炭中部分挥发物质来不及燃烧就跑出了炉膛。一些使用煤气、石油液化气灶具的厨房,在通风不良的状况下,厨房内的一氧化碳和二氧化氮的浓度很快就会超过空气污染严重的工厂区。所以说,当家里做饭的时候,尤其是油炸、熏制各种食物时,污染最严重的地方就是自家的厨房。

家里来了客人,迎进客厅或卧室,沏上茶水,递上香烟,于是乎屋里烟雾腾腾。这时的客厅或卧室可能是污染最严重的地方。

你家里安装了空调器、空气清新器,如长期没有清洗滤网、活性碳滤清器等,那么空调器、空气清新器就可能成为你家里又一个散布粉尘和细菌的主要污染源。性能差的空气清新器不仅不能产生对人体健康有利的空气负离子,反而产生大量影响人体内细胞的新陈代谢、加速人体衰老的臭氧。有了空调也千万不要贪凉,居室必须有适宜的气温,室内外的温差不宜过大。夏季室内温度24℃~26℃较为适宜,室内气温太低和室内外温差大,很可能使你患上感冒。

如果你家最近重新进行了内装修,墙面贴了塑料壁纸,地面铺上了地板革或地板砖,那么你和你的家人无疑如同住进了一个塑料盒里了。这些塑料壁纸、地板砖、地板革和粘结剂将日夜散发出甲醛、苯等污染物质，几个月甚至一两年散发不尽。如地面铺上地毯而又不经常用吸尘器打扫，那么地毯成了藏污纳垢、细菌和尘螨等有害微生物的滋生场所。

也许你不会相信，居室内居然也有放射性辐射，这就是氡。氡是一种天然的放射性气体，无色、无臭，是铀衰变的产物，使人的肺部受到辐射的危害。氡是仅次于香烟的第二号致肺癌物质。氡主要通过建筑材料和生活用煤的燃烧而释放到室内空气中来的。调查证明，室内的氡浓度大约为室外的3.7倍。这是由于冬季为了保暖很少开窗通风的缘故。

其实，在我们日常生活中，那些习以为常的事物都可能隐藏着一丝"杀机"，除了以上提到的以外，还有一些如燃用蚊香而产生悬浮颗粒物和苯并芘等，可使室内的悬浮颗粒物浓度增加90多倍，苯并芘可增加130多倍。因此应使用电热驱蚊片。又如许多祛斑霜、增白剂里汞的含量可能超过规定；某些香粉、口红、染发剂不仅仅含有铅，含量还可能超过规定；生发剂、雪花膏等砷（即砒霜）的含量超过规定；一些化妆品的细菌含量超过了国家规定。因此要谨慎选择和使用化妆品。又如各种家用电器又都是电磁辐射源。人体长期受到低强度的电磁辐射，使人的中枢神经系统受到影响，会产生头晕、嗜睡、无力、记忆力减退等症状。电磁波对心血管系统、血液系统、内分泌系统、免疫系统也有一定的影响。所以家用电器如音响设备的功率不要过大、电视机屏幕不是越大越好，要选择适合你家庭居室面积的大小和高矮等条件，不要同时打开多个家用电器，电冰箱不要放在卧室内。最使人料想不到的是，居室的主人本身也是污染源，由于人体的新陈代谢，每小时约有60万粒皮肤屑脱落，这些粉屑在室内空气漂浮，在居室中堆积。英国科学家对密闭的居室内的尘埃分析后，发现90%的成分竟然是人体的皮肤微粒。

## 生物污染与人体健康

说起来，我们对于生物污染并不陌生。每当春暖花开的时候，有的人就会染上哮喘,甚至有的人年年如此。这是为什么呢?

在鲜花盛开的季节,空气中到处散布着各种鲜花的花粉,这些花粉大部分非常微小,小到我们需要借助放大镜甚至显微镜才能看到。这些花粉小颗粒在空气中到处飘荡,飘到了同类植物花的雄蕊上与雄蕊相结合,完成生儿育女繁殖下一代的任务。但有的花粉却飘进了人的呼吸道,致使有的人因过敏而诱发了哮喘。当然,这还不能称之为空气污染或空气的生物污染,充其量只能算自然污染,如同火山喷发出来的火山灰致使空气中颗粒物严重污染一样,这是自然(灾害)现象。但至少说明,自然界的一些有生命的物质,同样可能危害我们人类的健康。如空气、水体、土壤和食品中的致病细菌、某些致病微生物和昆虫,都可能危害我们的健康。

大气中的微生物大多附着在灰尘微粒上随风飘荡。因此空气中灰尘的增多往往意味着微生物的增多。一般来说,空气中的微生物在城市就比农村多,交通频繁的街道比绿化地带多,靠近地面的空气比高层大气中多,当然这也与季节、气候和人口密度等因素有关。空气中的微生物绝大部分是非致病的,致病的仅仅是少数。由于空气中缺乏细菌和微生物生长的足够水分和养料,特别是致病的细菌和微生物在阳光(紫外线)照射、干燥以及大气迅速稀释的条件下,很容易死亡。所以在室外的条件下,一般不易发生呼吸道传染疾病的传播。而在室内就不同了,特别是在通风不良、人员拥挤的公共场所环境中,灰尘、致病细菌和微生物就比较多,很可能引起疾病的传播。

空气中的致病微生物和细菌是怎样进入人体传播疾病的呢?一是附着在尘埃上被吸入人体;二是附着在从鼻腔和口腔喷出的飞沫上,有的可能直接被吸入人体,有的落地后因失去水分干燥而死亡,有的落在潮湿的地方继续繁殖,再飞扬起来被吸入人体。经空气传播可引起流行的病毒性呼吸道传染病,有流行性感冒、流行性腮腺炎、麻疹、水痘、风疹、病毒性肺炎等,细菌性传染病有结核、流行性脑脊髓膜炎、猩红热、白喉、百日咳等。另外,有的病人或带菌者的排泄物如痰液、脓血、粪便以及外科用敷料(即纱布、绷带等)可能带有金黄色葡萄球菌或溶血性链球菌等,这些排泄物干燥后成为带菌的尘埃,因室内打扫、人员活动和空气流动而飞扬起来造成空气污染。这种污染了的空气往往可造成一些患有体表创伤、烧伤等的患者发生感染，引起化脓发烧等症状，使疾病进一步恶化。

所以，公共场所和居室应保持良好的通风和环境卫生，个人应养成良好的卫生习惯，做到不随地吐痰。

水体的生物污染要比大气复杂得多。水是微生物广泛分布的天然环境，不论是地面水或地下水，甚至雨水或雪水，都含有细菌、病毒、真菌、藻类、钩端螺旋体、原虫等多种微生物。水中的微生物绝大多数是水中的天然的寄居者，另一些是来自土壤和与尘埃一起从空气中降落下来的，它们一般对人体无致病作用。此外还有一部分却会对人体带来不尽的灾难。这部分是随垃圾、人畜粪便、动植物尸体以及工农业、医院（尤其是传染病医院）废水、废弃物进入水体的，除了各种无机物（如重金属、砷等矿物质）、有机物（如油脂类、石油类、营养物质、洗涤剂）等外，还有某些病原体。一部分病原体可较长期地生活于水环境中，借助人与水的密切关系而导致传染病的流行。

通过水传播的疾病主要有3类：①由细菌引起的，主要有沙门氏菌引起的伤寒和副伤寒、细菌性痢疾、霍乱和副霍乱、大肠杆菌引起的腹泻。②由病毒引起的，主要有病毒性甲型肝炎、病毒性胃肠炎、脊髓灰质炎。这里值得一提的是脊髓灰质炎，也就是平常所说的"小儿麻痹症"（脊髓灰质炎病毒属肠道病毒，主要在肠道繁殖，随粪便排出污染水体。目前用口服减毒活疫苗作预防，效果非常好）。③由寄生虫引起的，主要有由阿米巴原虫引起的阿米巴痢疾、血吸虫病等。

据世界卫生组织的调查，在发展中国家有80%以上的居民得不到安全的饮用水。因饮水不卫生而引起的各种疾病每年高达6亿人次，导致每天死亡人数以万计，儿童中约50%的死因与饮水有关。饮用水的优劣直接关系到人们的身体健康，因而要采取切实有效的措施管理好饮用水。

微生物病原体同样污染土壤而危害人体，主要方式也有3类。①"人—土壤—人"方式，即人体排出的病原体直接经由施肥和污水灌溉等污染土壤，人直接接触土壤或生吃该土壤上种植的瓜果蔬菜而感染。除了与水体微生物污染同样引起的细菌和病毒性疾病外，主要是引起肠道寄生虫病。

蛔虫病就是其中之一。蛔虫病遍及全世界，在我国有报道认为感染率可达70%以上，农村显著高于城市。钩虫病在我国的流行也十分广泛，贫血是钩虫病的主要症状。②有病动物排出的病原体污染土壤，人与污染土壤直接接触而感染得病，这就是"动物—土壤—人"方式。这种方式中最值得一提的是炭疽杆菌引起的急性传染病。炭疽原是食草动物的传染病，但炭疽杆菌可从损伤的皮肤、胃肠道和呼吸道黏膜进入人体释放毒素。主要表现为皮肤坏死或特异的黑痂，肺部、肠道及脑膜的急性感染，有时伴有炭疽杆菌败血症。③自然土壤中存在的致病菌，人接触污染土壤而得病，即"土壤—人"方式。破伤风是由破伤风杆菌经伤口侵入后产生外毒素引起的一种严重感染。主要临床特征为牙关紧闭，局部或全身肌肉呈强直性与阵发性痉挛。破伤风杆菌广泛地存在于人和动物肠道中，随粪便排出，在外界环境下形成芽孢，可存活多年。由于其在自然界广泛分布，一般土壤中都存在，故认为是自然土壤中存在的病原菌。

**麦类赤霉病**

◆◆◆生活环境与身体健康

对施加于土壤的人畜粪便及污泥等先经过无害化的灭菌处理，是防止土壤生物污染的有效方法。

微生物同样会污染粮食蔬菜水果、禽蛋肉类水产品、食油食盐糖等调味品和糕点茶叶及乳类、酒类和冷饮等。食物的生物性污染对人体健康的影响大致可分为细菌性食物中毒、真菌性食物中毒和引起寄生虫病3类。

引起细菌性食物中毒的食物主要是受到污染的动物性食品，如鱼、肉、奶及其制品，当然其余的被污染食品也可引起中毒。食品被致病性细菌污染后，在适宜的条件下致病细菌大量繁殖，食物在食用前又不经加热或加热不彻底，食用后使人中毒。能引起人体食物中毒的致病细菌很多。如小肠结肠炎耶尔森氏菌，它是一种嗜冷菌，在低温情况（0℃）下仍能繁殖，主要通过污染的肉类和奶类引起食物中毒，婴幼儿感染率较高。常见症状有腹泻、腹痛、恶心、呕吐等。所以，冰箱内的食品不宜储存过久。此外还有肉毒梭菌、蜡样芽胞杆菌、副溶血弧菌和沙门氏菌属及致病性大肠杆菌。肉毒梭菌存在于土壤、尘土及动物粪便中，在缺氧情况下可产生一种强烈的神经毒素，毒素经消化道吸收后，可引起肌肉麻痹、损伤颅神经，并伴有走路不稳等中枢神经系统症状。我国发生的肉毒中毒多由植物性食物引起，如家庭自制的豆豉、豆酱等。肉毒毒素对热不稳定，只要加热到100℃10～20分钟即可完全破坏。蜡样芽胞杆菌在自然界分布极广，在室温下即可繁殖，引起米饭、熟食变质变馊。副溶血弧菌则是一种嗜盐菌，它引起的食物中毒症状为上腹部阵发性绞痛和洗肉水样血小便。

某些真菌在粮食和饲料中寄生会产生毒性代谢产物或毒素，这些毒素抗热能力较强，不因通常的加热而被破坏，一旦人、畜食入被它污染了的粮食或饲料时，就可能发生中毒现象。目前已发现的真菌毒素多达300种以上，对人体健康影响较大的有黄曲酶毒素、赤霉病麦毒素。

黄曲酶毒素是黄曲霉、寄生霉等菌株的代谢产物。已明确结构的有十多种，主要污染粮、油及其制品。对实验动物毒性比氰化钾还高，亦可使人发生急性中毒。黄曲霉毒素对动物有强烈的致癌作用，可诱发肝癌，但对人类肝癌的关系尚难以得到直接的证据。尽管如此，目前许多国家都对食物中黄曲霉毒素的容许含量制定了卫生标准，一般规定在5～20微克/千克范围间。

麦类赤霉病是粮食作物的一种重要病害。我国农民很早就发现赤霉病麦,因其食后可引起昏迷而称其为"昏迷麦",引起此病的霉菌是禾谷镰刀菌。人误食赤霉病麦后,轻者头昏腹胀,重者有较重的消化道症状及头痛、颜面潮红等。

食物受到寄生虫的污染可引起各种寄生虫病,最常见的有蛔虫病、绦虫病、旋毛虫病、阿米巴病、肝吸虫病等。值得一提的是绦虫病,绦虫病包括牛肉绦虫病、猪肉绦虫病等,系不同种的绦虫所致。猪肉绦虫中间宿主主要是猪,其次为狗、猫、羊等,终宿主是人。含有虫卵的绦虫孕节随粪便被猪吞食后,孵化出钩蚴钻入猪身体各部长成囊尾蚴,以肌肉中为多,肉眼即可见的细小颗粒,俗称"米猪肉"。人吃了未煮熟的"米猪肉"而被感染。囊尾蚴在人肠中发育为成虫,可长达2~4米,引起肠黏膜损伤症状。

## 农药与人体健康

农药对于农业是十分重要的。由于病、虫、草害,全世界每年损失的粮食约占总产量的一半,使用农药可以挽回总产量的15%左右。因此,农药被广泛地应用。目前世界上化学农药的年产量已达数百万吨,品种超过了1000种,常用的也有近300种。农药主要分为有机农药和无机农药2大类。早在几百年前,我国的农民就使用砒霜来处理作物的种子,或拌种或浸种。砒霜就是砷的化合物三氧化二砷。无机农药应用的品种很少,主要是含砷农药和含汞杀菌剂,并大有被有机农药取而代之的趋势。农药的大量使用不仅仅造成了对大气、土壤和水体及农作物的农药污染,而且在消灭病虫害的同时,也消灭了病虫害的天敌,造成了更严重的病虫害,破坏了农业生态平衡。

有机农药主要有有机磷农药、有机氯农药、有机氮农药、有机硫农药等,论应用历史有机氯农药为最长,论品种则以有机磷农药为最多。在我国有机氯农药的代表六六六、DDT可说是赫赫有名,只是由于它们在土壤中的降解速度太慢,要几年甚至十几年,在土壤、农作物中残留时间过长,直接危害到人体的健康,因而越来越少使用了。

农药的污染主要是有机磷农药、有机氯农药、有机氮农药的污染。人体从环境中摄入的农药主要是通过饮食。植物性食品含有农药的原因,一是药剂的直接沾污,二是作物从周围环境中吸收了药剂。而动物性食品含有的农药则是通过食物链或直接从水体中摄入的。环境中的农药残留浓度一般是很低的,但通过食物链和生物浓缩可使生物体内的农药浓度提高至几千倍,甚至几万倍。

环境中的农药通过消化道、呼吸道和皮肤等途径进入人体,产生各种危害。

短期内摄入大量农药,尤其是有机磷农药,会引起急性中毒。有机磷农药是一种神经毒剂,会导致人的神经功能紊乱,使人出现恶心、呕吐、流涎、呼吸困难、瞳孔缩小、肌肉痉挛、神志不清等症状,还会由于呼吸衰竭而死亡;而长期接触农药可引起慢性中毒,病人产生头晕、头痛、乏力、食欲不振、恶心、气短、胸闷、多汗等状况;人接触高毒性农药会出现肝脏肿大,肝功能异常等。

有机氯农药可在人体内脂肪组织中积蓄,从而影响体内一些酶产生不良变化,对神经系统、肝脏和肾脏造成损害。它还能改变体内某些生化过程,对人体分泌系统、生殖系统、免疫系统产生影响。

农药对儿童的健康危害比成人更大,因为儿童对农药毒性的反应比成人敏感。儿童除了与成人同样呼吸被农药污染的大气和饮用被农药污染的水之外,还吃含农药成分的人乳和牛奶,尤其是农村的儿童,常常在田间地头玩耍和吃田间未洗净的瓜果、蔬菜,增加了接触和摄入农药的机会。有机氯农药会破坏儿童的肝脏功能和影响儿童的大脑正常发育,有机磷农药可引起儿童的神经麻痹,并逐渐造成儿童永久性瘫痪,还可损伤儿童的眼睛等等。据国外的资料报道,在大量使用有机磷农药的地区,学龄儿童的眼睛屈光异常,有高度远视等眼病现象的人数增多。

多年来,生态学家和环境保护专家一再呼吁,为了降低农药污染,保护人民的身体健康,应大力发展生物防治,减少化学农药的使用量,保护

### 环境与人类生活

农业的生态平衡。这一呼吁得到了社会广泛的重视和支持。我们也要学会自己保护自己,对于可能遭受农药污染的瓜果蔬菜要洗净、去皮、煮熟后再食用。

## 环境与地方病

在某一特定地区,长期流行的地方病,也反映出环境与健康的关系是极为密切的。元素在地壳表面的分布是不平衡的,局部地区某些元素过多或过少,就可能使当地居民从环境中摄入的元素量超出或低于人体所能适应的变化范围,导致某些地方病的流行。甲状腺肿(俗称大脖子病)就是一种世界性的地方病。据统计,全世界患甲状腺肿的病人约有2亿。主要分布在亚洲的喜马拉雅山地区、非洲的刚果河流域、南美洲的安第斯山区、欧洲的阿尔卑斯山区、北美洲的美国和加拿大之间的大湖盆地周围地区和大洋洲新西兰的一些地区。甲状腺肿是环境中碘元素分布异常引起的。环境中缺碘,人体摄入的碘量满足不了甲状腺合成甲状腺激素的需要,就会发生缺碘性甲状腺肿;如果人体摄入碘量过多,又会阻碍甲状腺激素的合成,而引起高碘性甲状腺肿。

地方病的流行,除环境中元素分布异常外,还有些是由于有的地区某些致病生物或某些传染疾病的生物易于滋生繁殖而引起的,如过去我国南方一些地区流行的血吸虫病,就是由于当地钉螺繁殖,作为血吸虫的中间宿主而危害人群的。

应该引起人们注意的是,人类在利用和开发自然资源的过程中,正在局部地区改变着环境中的元素分布。目前,人类不仅利用地壳中已知的89种天然元素,还开始取得和部分利用地壳中不存在的16种元素。此外,人类还创造了自然界不存在的元素状态,如自然界里不曾有过单纯的铁、铅、铜、锌等元素,而现在这些元素的制品充斥了人类生活的各个角落。人类还利用环境中的元素来合成各种化合物,包括那些自然界根本就不存在的化合物。例如,人工合成的有机化合物约为50万种,每年产量约有6000万吨。这一切都在深刻地改变着环境原有的状态。据报道，在某些地区，由于人类的生产活动，使地下水含氟量提高了10～20倍，从而成为高氟地区。如果当地居民长期饮用高氟的地下水，就可能出现斑釉齿等病症，出现与地方性自然高氟区同样的疾病。

## 环境科学与人体健康

环境问题的涉及面几乎无所不包，从而产生了环境地学、环境生物学、环境化学、环境物理学、环境医学、环境工程学、环境管理学、环境经济学、环境法学等学科，我们把它们统一称为环境科学。环境科学就是我们研究和解决环境问题的有力武器。环境科学从提出到现在，只不过50年的历史。然而，这门新兴科学发展异常迅速。许多学者认为，环境科学的出现，是20世纪60年代以来自然科学迅猛发展的一个重要标志。环境医学等则是研究环境与人群健康的关系、特别是环境污染对人群健康的有害影响及其预防的一门科学。环境医学包括环境流行病学、环境毒理学、环境医学监测、公害病及其预防和环境卫生标准、环境质量标准等。

我们知道，地球外面包围着大气，发生在大气圈内的一切现象我们称之为"气象"。什么刮风啦、下雨啦，天气预报天天会告诉我们这些气象信息。我们知道，大风可以刮起地面的尘土，也可以把异味吹散。风是流动的空气，它流动的方向我们称之为风向，空气流动的快慢程度称之为风速，而当空气不流动或几乎不流动的现象称之为静风。同样我们也知道，空气为什么会流动，这是因为某一处空气的温度比较高，这部分空气就比周围的空气轻因而上升，周围较低温度的空气流过来补充，这种天气现象就是风。一般来说，空气温度随高度而变化，每升高100米温度降低1℃。但是也有例外，有时由于某种原因，几百米以上的空气温度却高于近地面处的空气温度，我们称之为逆温，这时往往出现静风天气。这时空气中的污染物没有风来及时吹散，反而逐渐累积起来，如果这种情况持续几天那么就可能出现污染事件。我们知道的伦敦烟雾事件就是在这样的天气条件下形成发生的。说到这里，我们至少可以得出这样的结论：空气中污染物只有达到一定的数量，人在这样的环境中逗留一定的时间，这种污染物才能对人体产生危害。污染物的危害程度随着空气中污染物数量和人的逗留时间长短而变化，污染物浓度越高、逗留时间越长，危害程度就越大。我们把单位体积空气中某种污染物的数量用重量表示。称之为该种污染物在空气中的污染浓度，把人在某种污染物浓度的环境中逗留的时间的长短称之为人在该污染物浓度下的暴露时间。还有一种浓度表示方法，如某种污染物在某一物体中的重量（或体积）百分比为百万分之一时，我们说这种污染物的浓度为1毫克/千克。

为了保护人们的身体健康和国民经济与社会的可持续发展，国家制定了《中华人民共和国环境保护法》以及一系列环境保护法规；同时还制定了一系列相应的环境质量标准和污染物排放标准。

环境保护法律和法规仅仅界定了哪些行为合法而哪些行为不合法，并未对行为的"度"和"量"作出规定。到目前为止，我们还不能禁止污染物的排放，达到在环境管理中我们称之为"零"污染的程度。而环境质量标准和污染物排放标准就是对"度"和"量"作出了规定。如《居住区大气环境质量标准》对我们居住区的大气中各种有毒有害气体的浓度作出了规定。只要各种有毒有害气体不超过规定的数值，长期生活在这样的大气环境中就能保证人体的健康。大气污染物排放标准则是规定污染物排放浓度或排放量的，超过了则会降低大气环境质量，也就是说污染了大气环境。

环境污染可分为物理的、化学的和生物的污染等。超过污染物排放标准或环境质量标准的噪声、振动、粉尘、电磁波、核辐射等属于物理污染；二氧化硫、一氧化碳、碳氢化合物等等属于化学污染；黄曲霉素和一些有毒霉菌可污染粮食、食油等，各类蜱螨同样会污染粮食、食油甚至引起皮炎、肠螨、肺螨等螨病，这些是生物污染。由于污染物质种类繁多、性质复杂，许多污染往往是既有物理的也有化学的，我们把人类的生活和生产活动中直接产生的污染物，称之为一次污染物。一次污染物进入大气、水体、土壤等环境后，由于物理、化学和生物的影响，其形态发生了变化。这种变化后的污染物我们称之为二次污染物。例如烟尘污染，烟尘主要是

◆◆◆ 生活环境与身体健康

颗粒物（一次污染物），可进入人体的呼吸系统，主要滞留在鼻腔、呼吸道等。但颗粒物在大气中具有很强的吸附性，可吸附二氧化硫形成硫酸盐气溶胶（二次污染物），这种硫酸盐气溶胶对人的危害比单纯的颗粒物的危害要大几倍到十几倍，因为它可侵入人体呼吸道的深部，甚至进入肺泡内。气溶胶包括烟、煤烟、雾、烟雾和液雾。气溶胶在空气中作无规则的运动，不因重力作用而沉降，除了被降水冲洗和地面物体吸收外，在大气中可存留一个星期以上，可飘移到 1000 千米以外，造成远离污染源处的污染和大范围的污染。它具有胶体性质，对光线有散射作用，造成能见度的下降。

环境因素对人体健康作用的特点是低浓度（或低强度）、长时间、多因素。机体呈现的反应多半是微弱的、缓慢的和迟发的，甚至是多代之后才显现出来。对人体影响的过程是连续渐近的，在环境医学上人为地把这一过程划分为正常生理功能下降、体内超负荷状态、亚临床变化、发病和死亡 5 个阶段。正因为如此，我们保护环境的目标是早期发现，早期预报，早期采取防治对策，保护人们的健康。

环境与人类生活

# 环境污染治理

## "牧童经济"与"宇宙飞船经济"

人类社会的发展需要利用自然资源，而自然资源又是有限的。为了从根本上解决这一矛盾，必须在未来建立一种新经济方式。英国著名的经济学家K. E. 博尔丁提出两种经济模式，一种是现有的对自然界进行掠夺、破坏式的经济模式，称之为"牧童经济"；另一种是未来应建立的模式，叫做"宇宙飞船经济"。

"牧童经济"是一个生动比喻，使人们想到牧童在放牧时，只管放牧而不顾草原的破坏。这种经济的主要特点就是大量地、迅速地消耗自然资源，把地球看成取之不尽的资源库，进行无限度的索取，同时，造成废物大量累积，使环境污染日益严重；它表现为追求高生产量（消耗自然资源）和高消费量（商品转化为污染物）。"牧童经济"主要是指现代西方的资本主义经济模式。由于这些特点，许多经济学家确信，这种经济模式不能无限期地维持下去，否则会给人类和环境的长远利益带来灾难，它所造成的人类和环境的矛盾，最终可能导致人类自身的灭亡。

博尔丁认为，"牧童经济"将会被"宇宙飞船经济"所代替。我们知道，科学家在设计宇宙飞船时，非常珍惜飞船的空间和它所携带的装备以及生活必需品，在飞船中，几乎没有废物，即使乘客的排泄物也经过处理、净化，变成乘客必需的氧气、水和盐回收，再给乘客使用。如此循环不已，构成一个宇宙飞船中的良性生态系统。

"宇宙飞船经济"也是根据这一生态系统的思想而提出的。它把地球看成一个巨大的宇宙飞船，除了能量要依靠太阳供给外，人类的一切物质需要靠完善的循环来得到满足。事实上，地球上的生命生生不息的奥秘，就在于地球是一个自给自足的生态系统，它在太阳能的推动下，日复一日、年复一年地进行着物质的周期循环，不需要补给什么东西，也没有多余的废物，其中的一切各有用途。生命就是在这川流不息的物质循环中得以体现。"宇宙飞船经济"就是把这一生态学观念应用于人类社会的经济模式，要求人类按照生态学原理建造一个自给自足的、不产生废物的，因而也是合理利用自然资源的、不产生污染的经济或生产体系，它将是一种封闭式的经济体系，其内部具有极完善的物质循环和更新的性能。

"宇宙飞船经济"要求人类改变将自己看成自然界的征服者和占有者的态度，而是把人和自然环境视为有机联系的系统，即人—自然系统。

# 人工生物圈实验

从1991年9月26日起的两年中，美国科学界进行了人工生物圈实验。8名男女科学家自愿住进了一个由玻璃和钢架建成的3.1英亩的人造小世界里，从事两年的生态实验。除了一部电传机和电能供给外，他们与外界完全隔离，而且，除患严重疾病外，任何人不得离开这个地方。这项实验被称为"生物圈二号"。

"生物圈二号"就像一个巨大的"生态球"，在拱型玻璃罩下，里面有3800种动植物。此外还有湖泊、沙漠、树林、沼泽、草地、农田和楼房以及制造人工风雨的装置。两年里，8位科学家要亲自饲养家禽、牧畜，种植农作物，方能维持生活。在这里，任何东西也不会浪费，都会循环使用，比如人吸入氧气、呼出二氧化碳，绿色植物进行光合作用则正好相反。任何农药都严禁使用，庄稼有病虫害，将用瓢虫、黄小蜂进行生物防治。

### 环境与人类生活

在这个生物圈里,科学家将对生态环境严格控制。如果食草动物过多,将引起草地破坏,就必须猎食一些食草动物;如果一种植物灭亡了,他们将取出试管内储存的植物细胞,重新培养。科学家们需要进行大量的实验,才能维持生存、净化环境,稍有不慎,生态危机就会出现。

"生物圈二号"实验为世界瞩目。可惜,到1993年,科学家无奈地宣布这项实验失败。这个事实再一次告诉人们,地球是人类唯一的家园,无法再造,我们更应好好保护它。

## 控制人口增长

世界人口如按目前每41年翻一番计算,700年后全世界人口将达到千万亿。到那时,山脉、沙漠都住满了人,真要"无立锥之地"了。

我们"只有一个地球"。根据生物学家推算,地球上的植物总生产量如折合成能量,大约可养活800亿人,但能为人类利用的植物仅占植物总量的1%。地球上的食物尽其量只能养活80亿人。我国科学家根据对国土资源、人口增长、生活资料增长和就业等问题的分析,提出我国适度人口总数为6.5亿~7亿。按这个目标,我国现有人口已超出6亿。

在控制人口增长的同时,还要提高人口的素质,包括优生、优育,提高教育水平和健康水平等。

## 划时代的人类环境宣言

著名的《人类环境宣言》,是1972年6月在瑞典斯德哥尔摩召开的联合国人类环境会议上通过的。它是保护环境的一个划时代的历史文献,是世界上第一个维护和改善环境的纲领性文件。

《人类环境宣言》的全称是《联合国人类环境会议宣言》,也叫《斯德哥尔摩宣言》。宣言中郑重宣布联合国人类环境会议提出和总结的7个共同观点和26项共同原则。

7个共同的观点是：①人是环境的产物，也是环境的塑造者。由于当代科学技术突飞猛进的发展，人类已具有空前规模地改变环境的能力。②保护和改善人类环境，关系到各国人民的福利和经济发展，是人民的迫切愿望，是各国政府的责任。③人类改变环境的能力，如妥善地加以运用，可为人民带来福利；如运用不当，会造成不可估量的损害。地球上已出现许多日益加剧危害环境的现象，在人为环境，特别是生活、工作环境中，已出现了有害人体健康的重大缺陷。④在发展中国家，首先要致力于发展，同时也必须保护和改善环境。在工业发达国家，环境问题是由工业和技术发展产生的。⑤人口的自然增长不断引起环境问题，要采取适当的方针和措施进行解决。⑥当今历史阶段要求人们在计划行动时，更加谨慎地顾到将给环境带来的后果。为了在自然界获得自由，人类必须运用知识同自然取得协调，以便建设更良好的环境。⑦为达到这个环境目标，要求每个公民、团体、机关、企业都负起责任，共同创造未来的世界环境。各国政府对大规模的环境政策和行动负有特别重大的责任。

# "六五"世界环境日

1972年6月，联合国人类环境会议通过了著名的《联合国人类环境会议宣言》。同年的第27届联合国大会将这次会议的开幕日——6月5日定为世界环境日。

世界环境日是全世界环保工作者思考和解决环境问题的重要节日，也是向世界人民宣传环境保护重要性的宣传日，又是联合国人类环境会议和发布《人类环境宣言》的纪念日。第27届联合国大会要求，每年的6月5日或6月5日前后，联合国系统和各国政府都要开展各种形式的活动，强调环境保护的重要性。每年的世界环境日都有一个明确的主题。

历年"世界环境日"主题如下：

1974年：只有一个地球

1975 年：人类居住

1976 年：水——生命的重要源泉

1977 年：关注臭氧层破坏、水土流失、土壤退化和滥伐森林

1978 年：没有破坏的发展

1979 年：为了儿童的未来——没有破坏的发展

1980 年：新的十年，新的挑战——没有破坏的发展

1981 年：保护地下水和人类食物链，防治有毒化学品污染

1982 年：纪念斯德哥尔摩人类环境会议十周年——提高环境意识

1983 年：管理和处置有害废弃物、防治酸雨破坏和提高能源利用率

1984 年：沙漠化

1985 年：青年、人口、环境

1986 年：环境与和平

1987 年：环境与居住

1988 年：保护环境、持续发展、公众参与

1989 年：警惕，全球变暖

1990 年：儿童与环境

1991 年：气候变化——需要全球合作

1992 年：只有一个地球——关心与共享

1993 年：贫穷与环境——摆脱恶性循环

1994 年：一个地球，一个家庭

1995 年：各国人民联合起来，创造更加美好的未来

1996 年：我们的地球、居住地、家园

1997 年：为了地球上的生命

1998 年：为了地球上的生命——拯救我们的海洋

1999 年：拯救地球就是拯救未来！

2000 年：环境千年——行动起来

2001 年：时间万物，生命之网

2002 年：让地球充满生机

2003 年：水——二十亿人生命之所系

◆◆◆ 环境污染治理

2004年：海洋存亡，匹夫有责
2005年：营造绿色城市，呵护地球家园！
2006年：沙漠和沙漠化，莫使荒地变沙漠
2007年：冰川消融，后果堪忧
2008年：改变传统观念，推行低碳经济
2009年：你的星球需要你，联合起来应对气候变化
2010年：多样的物种，唯一的地球，共同的未来
2011年：森林：大自然为你效劳
2012年：绿色经济：你参与了吗？
2013年：思前，食后，自行节约
2014年：提高你的呼声，而不是海平面

## 全球性的人与生物圈计划

人与生物圈计划是根据1970年联合国教科文组织第16届大会决议而设立的国际性的、政府之间合作研究生态学的综合性计划。

人类以自己的聪明才智不断改造生物圈，但生物圈只能按自己的内在规律变化、发展。如果人类盲目开发，就会造成生态平衡失调。生态平衡的失调，意味着生态系统的破坏。当今出现的酸雨、温室效应等，就是全球性的环境问题。现在，人类已经认识到，要想在生物圈内生存、发展下去，必须保护、合理利用生物圈的资源。

人与生物圈计划的宗旨是：通过自然科学与社会科学的结合，基础理论与应用技术研究的结合，科技、生产管理人员与决策者的结合，对生物圈及其不同区域的结构、功能进行研究，预测人类活动对生物圈及其资源的变化，预测这种变化对人类本身的影响，为合理利用和保护生物圈的资源，保存遗传基因的多样性，改善人类与环境的关系提供科学依据。

人与生物圈计划共有14个研究项目，在由30个理事国组成的"人与生物圈国际协调理事会"领导下，负责协调国际性合作，促进世界生物圈保

环境与人类生活

护区网的建立，组织研究成果和情报资料的交流，举办各种训练班等等。

现在，已有100多个国家和地区参加了人与生物圈计划，1万多名科学家参加了研究工作，研究课题已有1000多个。具有不同代表性的生物圈保护区已经有200多个，形成了一个全球性的生物圈保护网。

我国于1972年参加人与生物圈计划，并且一直是"人与生物圈国际协调理事会"的理事国；我国还成立了中华人民共和国人与生物圈国家委员会。

## 为什么要建立"生物银行"

自然界的许多动物和植物是非常宝贵的经济资源。它们不仅能丰富人类的精神生活和物质生活，而且随着科学技术的发展，将有着不可估量的重大价值。但是，人类的经济活动在"资源取之不尽、用之不竭"的错误认识中，使动植物的资源遭到了严重的破坏。自20世纪60年代开始，在出现了人口爆炸、资源饥荒和污染失控及生态平衡失调的情况下，如何保护经济资源，引起了各国的重视。正是在这种情况下，一些国家相继建立起一些特殊的"银行"。在这些银行里，存放的既不是钞票、股票，也不是黄金、白银，而是一些生物实体。例如"种子银行"，它的作用是收集植物的种子加以保存。植物种子内部包含着该种植物的全部遗传基因，能把植物自己的特性全部传给后代。生物所含有的基因非常多，并且不同种的生物所含的基因不同。所以，种子收集得越多，拥有植物遗传基因的数量也越大，也就越能改良植物的品种和培养出优良的符合人们需要的新品种。种子在"银行"里的低温下，经过一段时间的储存后，再进行播种，再把收获的种子储存起来。如此下去，不断地更新储存种子。科学家们认为，种子银行的建立，可能比世界上任何一家银行的价值都高和更有意义。人们不仅收集储存植物的种子，还把生物各种能够用来繁殖的细胞，例如植物的花粉、动物精子和卵，以及器官等都加以收集和储存。日本开设的一家"花粉银行"，专门收集国内外优良果树品种的花粉，然后通过人工授精技术,达到改良品种、提高质量、增加单株产量的目的。日本还打算建立一家作为专利微生物、重组基因和动植物细胞保存中心的"生物资源银行"。

## 提倡使用没有污染的生态型农药

已经进入21世纪的人类社会,农业文明已经发展到一个相当高的阶段。在防治病虫害方面,人类已开始探索由使用化学合成农药到无污染的生态型农药的过渡。

自20世纪50年代以来,化学合成农药一直占有主导地位,得到广泛的应用。但天长日久,人们逐渐发现使用化学合成农药害大于利:①污染环境。由于农药的化学使用,容易使土壤板结、肥力减弱,更为严重的是会对人畜的饮用水源造成有毒污染。②破坏自然的生态系统,即就是在消灭害虫的同时,往往也将各种以害虫为食的益虫和益鸟杀死了。"错杀无辜"容易致使害虫更加猖獗地繁殖。③害虫能够对长期使用的一种农药产生抗药性,并能把这种抗药性遗传给下一代,这样一代的抗药能力比一代强,杀虫剂的效力就显得越来越低。据资料表明,世界上已有几百种害虫具有高度的抗药性。④直接危害人畜的健康,残留于农作物内的农药逐渐积累,人畜食用后极为有害。为了改变这种情况,科学家们已开始研究制造高效、低毒、低残留的新一代农药——生态型农药。预计在不久的将来,生态型农药将在农业生产中大显身手,为提高农作物的产量和质量发挥巨大的作用。

科学家们正在研制利用昆虫激素来防治害虫的生态型农药。害虫对特定植物所散发出来的特殊气味具有异常的偏爱,只要一闻到它所喜欢的那种气味,就会纷纷向这种气味聚集,然后进行排卵。人类只要生产出这种诱虫剂,预先设计好灭虫罗网,就能使成群结队的害虫死无葬身之地。另外,如果对正在成长的害虫施放一种"保幼激素",就能利用害虫的生理特性而致使害虫死亡、灭绝。这些方法的杀虫效果将更为明显,对环境生态也不会造成污染。

科学家们还发现，仿造昆虫的特殊声音也能灭虫。任何一种昆虫都有听觉或特殊感受器，这些器官可以发出信号，传递求偶、受到威胁等信息。如果能够播放出模仿害虫的声音，便能达到驱赶和消灭害虫的目的。

美国得克萨斯州的一座"苍蝇工厂"的研究证明，经过钴辐射的雄蝇会丧失生殖能力，把这些雄蝇放到自然界去，能使苍蝇自然灭种。

科学家们还在研制能使害虫丧失繁殖能力的化学不孕剂，用这种方法也能达到消灭害虫的目的。

相信以后，生态型农药的种类会越来越多，使用范围和收效也会越来越大，那时害虫不再猖獗，农作物产量稳定增高，人们幸福地生活在不受害虫困扰的地球上。

## 不能忽视土壤的生物学污染

土壤是自然界微生物的最大贮藏所。因为土壤经常受到生活废弃物以及大量来自人畜排泄物中的病原微生物和人畜肠道内正常微生物的污染。据国外资料报道。每克新鲜粪便中含有大肠杆菌 $5 \times 10^6 \sim 5 \times 10^8$ 个；霍乱和伤寒患者排出的病原体，每克粪便含 $10^8 \sim 10^9$ 个；每毫升生活污水含有 1~100 个肠道病毒颗粒，$10^6 \sim 10^7$ 个大肠杆菌；国外某些寄生虫病流行地区，人群中 40% 排出钩虫卵，30%~60% 排出蛔虫卵和鞭毛虫卵；在蛔虫病集中区，71% 的土壤样品中含蛔虫卵。

污染土壤的生物性病原体以三种方式危害人类健康，即：人—土壤—人、动物—土壤—人、土壤—人。

人—土壤—人：人体排出的含有病原体的粪便污染土壤，人再生吃由污染土壤长出的蔬菜、瓜果而感染得病。一些细菌能污染土壤，而且能存活一定时间，如沙门氏菌约存活 70 天，志贺氏菌约 1 个月，霍乱弧菌为 8~60 天。肠道病毒在中性土壤中可存活 2~4 个月，在低温条件下比高温存活时间还长。蛔虫卵在温带地区土壤中可存活 2 年以上。

动物—土壤—人：有病动物排出病原体污染土壤，人与污染土壤直接接触而感染得病。如牛患钩端螺旋体病，由尿排出的钩端螺旋体污染土壤或水，病原体可存活数周；人接触这种环境，病原体可通过黏膜、伤口或浸软的皮肤进入机体而感染发病。

土壤—人：人与污染土壤接触而感染得病。土壤中存在破伤风杆菌，此种菌的芽胞可在土壤中存活很长时间，在一定的条件下破伤风杆菌通过伤口侵入人体而引起发病。肉毒中毒是由肉毒杆菌所引起的一种严重的中毒性疾病，吃受污染的食物是中毒的直接原因。肉毒杆菌可在土壤内长期存在，在牧区大面积的土地可能受肉毒杆菌污染。

## 警惕氮氧化物的污染

为什么工厂里的烟囱喷出的浓浓的黄色烟雾对空气造成了严重污染？因为它含有高浓度的氮氧化物。汽车和烟囱都能排放氮氧化物。氮氧化物家族中的一氧化氮和二氧化氮是最主要的空气污染物。煤和石油的燃烧能化合生成大量的一氧化氮和少量的二氧化氮，一氧化氮又随即迅速氧化而生成二氧化氮。浓厚的二氧化氮易于形成黄色或橙红色浓雾。它的毒性是一氧化氮的5倍。

二氧化氮能够引起急性哮喘，当年日本的"横滨哮喘病"的"主凶"就是二氧化氮。当空气中24小时二氧化氮的平均浓度达到0.06毫克/千克时，人体健康就会受到危害。如今世界上许多大城市，二氧化氮的浓度都超过了这一数值。

二氧化氮能够破坏植物生长。如果空气中二氧化氮含量为0.5毫克/千克，35天后柠檬树就会落叶或枯黄；含量为0.25毫克/千克，8个月后脐橙产量明显降低。

氮氧化物与空气中的碳氢化合物在阳光作用下易形成光化学烟雾，这种烟雾的浓度只要达到千万分之几，就能强烈地刺激眼睛、气管和肺，使人感到眼痛、头痛、呼吸困难，甚至晕倒。由于工业生产的发展和汽车数量的增多，世界上许多大城市都发生过这类光化学烟雾事件。

消除氮氧化物的最佳方法就是变废为宝。如今，科学家们已经研制出了用氮氧化物合成肥料的方法。

## 粉尘对空气的污染

在日常生活中，我们往往可以看到工厂里的大烟囱排出浓浓的黑色烟雾，像一条条黑龙盘旋缭绕、扶摇直上，对大气造成污染，它们的名字叫粉尘，是因物质不完全燃烧而产生的小小黑色颗粒。一般情况下，燃烧煤有原重量10%的粉尘排出，油燃烧后约有原重量1%的粉尘排出，烧制石灰、冶炼钢铁都有大量粉尘排出，家庭炉灶比工业锅炉产烟量大，小锅炉比大锅炉产烟量大。

粉尘有落尘和飘尘之分，颗粒较大的，直径在10微米以上，因为重量较大能很快降落到地面，被称为落尘。颗粒较小的，直径在10微米以下，其中有些比细菌还小，由于它们长时间在空气中飘浮，所以被叫做飘尘。

飘尘对于人体健康的危害非常大，直径为5~10微米的颗粒能进入呼吸道，直径在0.5微米与5微米之间的颗粒能直达肺细胞，它们的毒害可想而知了。如果是携带致癌毒物的颗粒，将直接造成生命危险。

粉尘，尤其是煤烟尘，是大气污染的罪魁祸首之一。历史上许多烟雾事件都是由煤烟尘和二氧化硫污染所致。煤烟尘常常把建筑物表面和人的面孔熏得黑黑的，还容易导致结膜炎等眼病。

粉尘还是植物的死敌，它能堵塞植物气孔，阻挡阳光进入叶组织进行光合作用，影响植物生长。当然，植物表面落上一层厚厚的粉尘的话，会遮盖住浓绿润泽、姹紫嫣红，生机勃勃的花木树

可怕的粉尘污染

木，看上去会死气沉沉。

粉尘的危害还多着呢，比如加速金属材料和设备的腐蚀，易使空中弥漫大雾，影响城市交通和建设等。

所以，消除粉尘污染是治理城市大气污染的重中之重。通常采用的办法有：①改造锅炉，提高燃烧效率；②安装有效除尘设备，如离心除尘器、过滤除尘器、洗涤式除尘器、静电除尘器等等。

## 二氧化硫是空气中的腐蚀剂

二氧化硫是造成大气严重污染的"罪魁祸首"之一，所以，城市空气质量报告一定少不了报告二氧化硫的浓度。

二氧化硫本身是一种无色的有股难闻的刺激性臭味的气体，它是由燃烧着的硫磺同空气中的氧气反应生成的。一般城市中二氧化硫的平均浓度是0.1~0.3毫克/千克。如果能闻到二氧化硫的气味，说明空气中二氧化硫的浓度至少有3毫克/千克。这时人就会出现不适，如猛烈咳嗽、打喷嚏、嗓子痛、胸闷、呼吸困难等。

空气中的二氧化硫一般停留时间很短，一般只有几小时。但更为有害的是，它可与水气结合形成硫酸雾。它比二氧化硫的毒性大10倍多。人体吸入硫酸雾，易引起支气管炎、支气管哮喘和肺气肿等病症。

二氧化硫有很强的腐蚀作用。世界著名的文化古迹埃及金字塔、狮身人面像和我国故宫博物院内的许多大理石雕刻都出现斑斑驳驳的痕迹。这都是二氧化硫腐蚀的结果。二氧化硫能使架设在空中的输电线上的金属器件和导线的寿命降低1/3。浓度为0.12毫克/千克的二氧化硫用一年时间可以把一块完好无损的钢板腐蚀掉1/6。目前，世界许多城市的二氧化硫年平均浓度都达到或超过这个水平。

二氧化硫对植物的破坏性非常大。低浓度的二氧化硫能造成植物生长缓慢、落叶、枯死。空气中二氧化硫达1.2毫克/千克时，棉花即枯死。紫花苜蓿是二氧化硫污染的指示植物，空气中只要有0.3毫克/千克二氧化硫，

**二氧化硫排放**

它就会中毒,出现叶斑、落叶或死亡。

二氧化硫还能生成三氧化硫,从而又导致酸雨。酸雨直接毁坏森林和农作物,酸雨使瑞典每年损失木材达450万立方米,已使加拿大4000多个湖泊酸化。

为了防止二氧化硫对大气的污染,在煤和石油等燃料燃烧前要脱硫,而且要进行烟气脱硫,即在烟道中脱除二氧化硫。

## 对噪声污染的处理

噪声,就是杂乱无章、听了叫人不舒服的声音。比如,机器的轰鸣声、飞机的尖叫声、汽车的喇叭声等等。在物理学里,噪声的强弱通常用分贝来表示。噪声共分7个等级,从零开始,每增加20分贝,就增加一个等级。当噪声在0~20分贝时,我们感觉很静;20~40分贝时,也是安静的,超

◆◆◆◆ 环境污染治理

过45分贝的声音就会干扰人的睡眠；80分贝的噪声会使人感到吵闹、烦躁；超过90分贝，就会影响人的健康；100分贝的噪声会影响人的听力；120分贝的噪声可以使人暂时"耳聋"；在几米以内听到140分贝以上的噪声，会使人变成聋子，甚至可能突然发生脑溢血，或者心脏停止跳动。有人做过调查研究，长期生活在60分贝的噪声中，会使人感到心慌和厌倦，降低人的工作效率。长期生活在85～90分贝噪声下的人会患噪声病，出现头昏脑胀、睡眠多梦、全身乏力、食欲不好、记忆力减退等症状。一个噪声为94～106分贝的车间，有4.5%的人耳聋，38%的人耳鸣，30%的人失眠，36%的人记忆力减退。所以说噪声也是一种污染。还有人把噪声比作杀人不见血的软刀子，这话绝不过分。由于工业生产的过于集中，交通拥挤，噪声源增多，噪声已经成了一种比较严重的公害。有的国家把噪声列为环境公害之首，想方设法加以消除。

为消除噪声，人们想了许多办法。

一种立即见效的方法是控制噪声源。比如，在城市闹区禁止各种车辆鸣高音喇叭，利用减振消声的办法使各种噪声源发出的噪声减至最小。但无论对噪声源怎样控制，城市内部仍要产生大量的噪声，这就得采用隔声方法了。现在各种高效能的隔音材料、设备正在研制中。有一种隔声夹层玻璃已被使用。通过这种玻璃，噪声可减少27分贝。安装上这样的玻璃，基本上可以避免室外噪声的干扰。在法国巴黎近郊有一条很热闹的街，汽车川流不息，昼夜不停，人们在街上相互交谈都很困难。后来，人们在车行道和人行道之间修建了有350米长、4米高的玻璃墙，收到了较好的隔声效果。

现在科学家们正研究一种更有效的消声法，那就是"以毒攻毒"的方法，用声音消除噪声。假如能有一种声音，它与要消除的噪声在强度上、频率上完全一样，但在振动方向上是相反的，在这两种声音同时作用之下的空气，所受到的拉力和压力相等，使空气分子不发生振动，从而达到消除噪声的目的。从理论上说，这种方法很简单，但实现起来却比较困难。当然，人们正朝这个方向努力。相信有朝一日，用声音消灭噪声是会实现的。那时，我们会生活在一个十分安静的环境里。

环境与人类生活

## 为什么要营造防噪声林带

居住在城市中的人们，都希望生活在一个没有噪声的和谐而又优美的环境当中。可是由于城市交通和建设的发展，来自交通车辆的噪声和来自建设工地的噪声，常常会破坏一个良好的音响环境，从而干扰人们的休息和工作。

人们逐渐发现，如果在街道两旁、厂区周围和居住小区栽种树木，营造绿化林带，噪声就明显地减弱了，甚至消失了。据有关单位对各种不同类型的绿化街道进行的减弱噪声效果的科学测定，证明树木确实有隔音和消声的作用，而且效果非常显著。据测试，公路上汽车的噪声，在穿过12米宽的悬铃木树叶层以后，到达公路两旁的三层楼窗户时的音量比没有通过树木时的音量减少了12.5分贝，在通过18米宽的绿化林带后，声音可减少40分贝。难怪有人把树木比作天然的"消音器"。

所以，不妨大家一起行动，有规划地在街道、厂区和居住小区附近栽种树木，营造绿化林带，这样既可以美化环境，又能减弱噪声污染。

## 为什么人类要开发淡水资源

有一则科学小品说，假使一个人7天不吃饭，他不会死亡；假使这个人7天不饮水，那他一定会发生生命危险。由此可见，水对于人类的生存有着多么大的意义。水是维系整个生物生存的三大要素之一，是人和一切生命物质不可缺少的宝贵资源。

有关资料表明，如今世界上已有19个国家严重缺乏淡水资源，特别是撒哈拉大沙漠周围及中东地区的国家，水资源的开发已达极限，许多国家不得不大量地进口淡水。印度与孟加拉、印度与巴基斯坦、以色列与约旦、南非与安哥拉、叙利亚和伊拉克，这些国家间因争水而屡有纠纷发生。联合国粮农组织经过调查研究认为,再过几十年,全球淡水资源会供小于求,由淡水资源紧缺而引发的种种危机将随之而来。

人类早已认识到淡水资源危机的严重性,并已致力于开发淡水资源的科研课题。

有人提出,把地球上的雪山和冰川变为可供人类利用的淡水资源。地球上的冰川与雪山储水量约为24064万立方米,占淡水储量的68.7%。如果能够把巨大的南极冰山用原子能动力船拖到沙漠地带,如果能够把北冰洋上的浮冰运到19个水资源严重缺乏的国家和地区,人类将受益无穷。

海水淡化是开发淡水资源的另一条重要途径。经过几十年的科学研究,科学家们已经研制出了几十种海水淡化方法,比如蒸馏法、冰冻法、反渗透法和电渗析法,得到了广泛应用。其中电渗析法不但能使海水淡化,在工业废水净化和碱回收方面也能发挥巨大的有效作用。

总的来说,全球性的淡水资源危机是现实的,开发淡水资源的前途又是乐观的。人类一定能够妥善地解决关系到自身生死存亡的水资源问题。

## 草坪是环境的净化器

草坪又被人们称为草皮。它对于人类生存环境有着美化、维护和改善的良好作用,同时,绿草茵茵的草坪也具有较高的观赏价值和实用价值。

我国研究利用草坪有着悠久的历史。早在春秋时期,《诗经》中就有描写草地的佳句。公元前187～前157年张骞出使西域,就带回一定数量的草坪草。那时的草坪只是宫庭园林中的小块草地。而到公元500年左右,人们开始注意各种庭园中的绿色草地——草坪。13世纪,草坪跨出庭园的园墙,进入户外的运动场、娱乐、游玩和栖息地。18世纪,英国、德国、法国等国家先后都建立和普及了草坪。

草坪草都来源于天然牧场,从最初的庭园绿化到目前的运动场、娱乐地等,它广泛地应用于各种场所,渗入到人类的生活,成为现代社会文明不可分割的组成部分。于是草坪草的研究成为一门新兴的学科。

人们通过研究表明，草坪能净化空气，消除病菌。1公顷草坪地，每昼夜能释放氧气600千克。它具有很强的杀菌能力，一些有毒空气被草坪吸收后，可以陆续地转化为正常的代谢物。草坪草密集交错，叶片上有很多绒毛和粘性分泌物，就像吸尘器一样，吸附着飘流粉尘和其他金属微粒物。绿色的草坪是一个既经济又理想的"净化器"，它可以把流经草坪的污水净化得清澈见底。

草　坪

草坪固土护坡，防止水土流失，对保护环境有着极其重要的意义。草坪就像绿色的地毯，其根部在土壤中纵横交错纺织着一幅网状图案，与土壤紧密地结合着，既能疏松土壤，又能防止土壤流失。绿色的草坪以其具备的吸热和蒸腾水分的作用，可以产生降温增温的效力，可以调节小气候。草坪是消除和减弱城市噪声污染的最好武器，又是十分廉价的除音设备，

## 为什么城市要向空间绿化发展

随着城市高层建筑的叠起，绿化面积缩小了，人们休憩、活动的场所少了，生态平衡也受到了一定的影响。在这严峻的现实面前，国内外一些建筑设计大师，提出了空间绿化的设想，并积极而大胆地尝试和实施。

早在1959年，美国的一位风景建筑师，在一座六层楼的楼顶上，建造了一个风景绮丽、别具一格的空中花园，为城市空间绿化创造了良好的开端。

在人口稠密的日本，近些年设计的楼房，除显著加大了阳台，提供了绿化的方便条件外，还把高层的屋顶做成"开放式"，使整个空间连成一

片，居民们可根据不同的爱好种草栽花，从而使大片的屋顶草碧花繁。

德国建成的阶梯式或金字塔形住宅群，利用阳台布置起一个个精美的微型花园，远看如半壁花山，近观似斑斓峡谷，俯视又若一片花海，美不胜收。

1977年，加拿大一座十八层办公大楼，采用轻型多孔材料并配以土壤，建成了一个包括有假山、瀑布、水池、草坪、花坛、树群在内的盆景式空中花园，使观光者赞不绝口。

我国的一些大城市，近年来也相继作了空间绿化的尝试。如广州东方宾馆，在十一层楼的天台上精心建造了具有中国园林特色的屋顶花园，那里桥水相连，花木争妍。

城市向空间绿化，弥补了失去的绿化面积，点缀了市容，同时对保护环境、丰富现代生活、保障人群健康起到不容忽视的积极作用。实践证明，屋顶绿化的建筑设计不仅投资少，而且结构简单，施工容易，综合效益良好，值得重视和推广。空中花园的底层和防水层与一般平顶构造相同，它不需要一般平顶的隔热层和保温层。

## 园林绿化是城市的清洁员

城市是人类政治、经济、文化的中心。因为人烟稠密、工业交通发达等原因，环境污染较为严重。为了保护人们的健康，必须进行环境保护。城市园林绿化就是城市的清洁员。

工业城市空气中的二氧化碳增加，氧气减少。如多种树木可以吸收二氧化碳放出氧气。女贞树吸收氯气较多，樟树吸氟，夹竹桃吸收二氧化硫。所以，园林绿化是空气的"净化器"。

人们长期处在灰尘污染的环境里，易患气管炎、尘肺，树木有明显阻挡和过滤灰尘的作用。所以，园林绿化又是天然的"吸尘机"。

有些植物能分泌挥发性物质。如桉油、肉桂油、柠檬油，这些物质有消灭细菌的作用。有人估计，百货商店空气每立方米含菌量达400万个，林荫道为58万个，公园为1000个；百货商店与公园的空气含菌量相差4000倍。可见，园林植物是良好的"杀菌剂"。

城市居民每时每刻都受着各种噪声的干扰，对人体健康危害很大。国外人们试验用各种方法减弱和隔绝噪声，其中用绿化来减低噪声，是一种较为有效的方法。据测试，树木能减弱噪声，其原因是声音投

园林绿化

到树叶上后又反向到各方面，噪声波造成树叶微振也能使噪声减弱，而厚大且有绒毛的叶片减噪效果最好。在街道、工厂旁、学校里种植树木是减低噪声的一种措施。所以，园林绿化还是有效的"隔音板"。

美国对城市规划规定，城市绿地面积（包括公园）平均每人为40平方米；莫斯科的绿地面积占城市总面积的40％；英国平均每人为24平方米，住宅区为9平方米；日本将工厂从城市迁往郊区，腾出土地种植树木花草；丹麦哥本哈根兴建森林住宅，市民开窗见绿。空气清新，心情舒畅；保加利亚索非亚市区的大楼墙面上，爬满了青藤绿蔓，使被誉为凝固的音乐建筑物，富有流动的色彩美。近年来，我国广州、北京、上海等城市见缝插绿，进行垂直绿化，使城市枯燥单调的建筑物富有生机和活力。

## 为什么室内养仙人掌可净化空气

仙人掌原是生长在美洲、非洲的沙漠和半沙漠地区，炎热而干旱的环境使它改变了自身的结构和生活方式：它的茎变得肉质多浆，贮藏着大量的水分；它的叶缩小成针刺，以减少水分蒸发。这样一来，即使在极度干旱的条件下，仙人掌也能继续生长。在"仙人掌之国"墨西哥，仙人掌的

◆◆◆◆ 环境污染治理

寿命很长,有的重达几吨,旅行者口渴时可将仙人掌劈开,挖食柔嫩多汁的茎肉,以解饥渴。由此,仙人掌被冠以"沙漠中的甘泉"的美名。

然而,仙人掌的作用不仅仅如此。花卉专家发现,在室内养花多,夜间会污染空气,但是在室内养植仙人掌,却可使室内空气中负离子增加,空气特别新鲜,有益于人体健康。那么,为什么在室内种植仙人掌会使空气中负离子增加呢?这是因为仙人掌为适应沙漠地区干热的气候,白天将气孔关闭,以免水分蒸发掉;夜间则打开气孔,吸收二氧化碳,呼出氧气。所以,在居室中摆设花卉,如能搭配几盆仙人掌,对于改善居室空气质量,是大有益处的。

除此之外,仙人掌还有其他许多好处。譬如,川西大渡河一带生长的一种名叫"仙桃"的仙人掌,果实又香又甜,既可生吃,又能熬糖,茎肉还是很好的牲畜饲料。仙人掌还用作药材:将鲜仙人掌去刺捣烂,可敷治腮腺炎、乳腺炎和疖疮痈肿;捣汁外搽,可治火烫创伤;煎服可治胃痛、急性菌痢。在一块新鲜的仙人掌一端砍几条口子,稍加揉压,放在水中搅

仙人掌

两三分钟,当水里出现凝聚物时,再静止5分钟,水里的杂质就可沉淀下来,细菌沉淀率可达80%以上,效果胜明矾一筹。野外作业,带上几块仙人掌,只要保存不干,一般在15~20天内仍有净水效果。

## 为什么细菌会成为优秀的环保工

煤会放出二氧化硫,它是形成酸雨的重要因素。在一次偶然的工作中,美国空军发现有一种细菌会吃掉燃料油中的硫。后来人们就利用细菌的这一功能来消除煤和石油中的硫,减少它们在燃烧中产生的大气污染。

会吃硫的细菌是一种嗜热菌的微生物,它广泛生存于土壤、水和岩石中。嗜热菌不怕热,即使在温泉,甚至在刚刚燃烧过的煤渣中,都能繁殖生长。硫铁矿里的硫,在25℃~60℃之间的温度都能被这些细菌所氧化,除硫效率高达93%。用细菌除硫的费用只有通常化学脱硫和烟道气脱硫费用的40%~70%。

除了某些细菌能吃硫外,另外一些细菌还能吃石油。近年来,俄罗斯学家就培养了一种能吃石油的细菌,它吞噬石油的速度很快,并能在-50℃~70℃温度范围内进行工作,所以他们用这种细菌在极寒冷的西伯利亚消除被石油污染的地区。经试验发现将这种吃油细菌投放在每平方米渗透10千克石油的土地上,不到两个半月,就将石油吃完,使这块土地上重新长出了青青的野草。

德国也用这种吃油的细菌来净化被石油污染的土地。例如,西柏林一个加油站附近的某块土地,被柴油和其他含油废液污染相当严重,这些废液已渗透到地下7米深处,严重威胁地下水的清洁。为此,西柏林当局在这块土地上打下8根钢管,把在营养液中繁殖起来的吃油细菌注入地下,让钻入地下的细菌吞食石油。为了使细菌正常工作,人们还通过钢管给细菌输送氧气。这种用细菌消除石油污染的方法既省钱,又不影响原来企业的工作。

这种细菌除了吞噬陆上石油外,还能吞噬海上漂浮的石油,因而为净化海上环境污染开辟了一条新的途径。

## 怎样保护、拯救生物物种

人类已经认识到生物物种的减少，将导致地球生态失衡，最终危及人类自身的生存。所以，人为地、有意识地保护、拯救生物物种势在必行。

自从英国科学家克隆小绵羊"多利"成功以来，有人就一直把拯救濒临灭绝的珍贵物种的希望寄托在克隆技术上。然而，物种的进化需要基因多样性，克隆出来的物种只是母体的翻版，它的基因序列与母体完全相同，不具有多样性。所以，尽管克隆技术能够有效增加物种的数量，但通过克隆来保护、拯救生物物种的道路是行不通的。

保护地球生物多样性通常采取离体保护、移徙保护、就地保护和合理管理保护等几种手段。

离体保护就是将动物的精液，植物的种子、根、茎、花粉、组织等从活的生物体上取出来，长期保存起来，以备将来繁殖时用。

移徙保护就是将野生生物从野外原生地移到动物园、植物园、水族馆、树木园等场所，实行人工种植、养殖。

就地保护是把野生动植物和它们生存的环境一起保护起来。如建立自然保护区、国家公园、禁伐区、禁猎区、国有森林、自然生物区等，通过保护各种生态系统的途径来保护野生生物。

合理管理保护就是对某一个地区、一个国家以至全球水资源、土地资源、森林资源等生态资源进行周密地规划、分配和监测，合理利用，避免过度开发，从而达到在更大的范围内保护生物多样性的目的。

显然，离体保护、移徙保护和就地保护的范围和数量都非常有限，只有合理管理保护才能使较多的生物物种受到保护。

物种保护是人类生存意识的觉悟，也是维护自身生存发展利益的行动，需要全世界各国人民、政府、团体、组织协调一致的不懈努力。我们应当一点一滴地从爱护花草树木、鸟兽虫鱼等日常小事做起，为物种保护做贡献。

## 要防治白色污染

白色污染其实就是塑料污染。这是因为日常生活中的塑料包装物和一次性塑料制品以白色居多。又由于塑料具有不易分解性，人们使用后的塑料制品，尤其是塑料袋、地膜等就对环境造成了严重污染。

地膜覆盖技术深受农民欢迎，因为它可以提高农作物产量。可是使用后的残破地膜，不易清理，又经年不烂，容易改变土壤的分子结构。如果有牲畜误食到肚里，既不能消化又不易排泄，最终会导致牲畜生病或死亡。

**触目惊心的白色污染**

海洋里的塑料污染破坏性更大。全球每年被扔到海洋里的饮料瓶、废渔网、包装袋等塑料制品达几十万吨。每年遭废弃渔网缠死的海洋哺乳动物超过10万头，误食废塑料致死的海鸟每年超过200万只。据说有人解剖北大西洋、地中海的鱼，发现鱼胃肠里塑料占30%。由此可见白色污染对于海洋生态的破坏之大了。

对付白色污染的根本出路在于开发分解性塑料。世界许多发达国家都在这方面的研究中取得一定成绩。如日本研制出的可降解的无毒塑料纤维线新型鱼网，美国推出的可降解塑料包装袋，意大利诺瓦蒙特公司研制出的一种可降解圆珠笔，丹麦研制出的可降解塑料防火器材等。这些高科技新型塑料制品的共同特点是：易于在短期内被微生物分解，本身无毒，分解后的产物不会污染环境。

◆◆◆环境污染治理

## 要保护海洋环境

常言道,"条条江河归大海",陆地上的各种污染物可通过多种途径进入海洋。人类所产生的废物不论是扩散到大气中,还是丢弃于陆地上,或是排放在江河里,由于风吹、降雨和江河径流,最后多半进入海洋而成为海洋污染物。长期以来,人类也直接、间接地把海洋作为处理废弃物的场所,使海洋成为一切污物的"垃圾桶"。

海洋污染使海洋生物赖以生存的生态环境日趋恶化,致使许多海洋生物的生长和繁衍受到损害,不少海域的海洋生物已濒临绝迹,有的海洋生物已经灭绝,使海洋生态系统向着简单化方向退化。例如,俄罗斯的亚速海原是鱼类产卵的好场所,而今因饵料生物严重污

海　洋

染,鱼类已完全灭绝。再如,我国渤海、黄海的胶州湾潮间带,1963～1964年时,海洋生物有 171 种;1974～1975 年,降到只有 30 种;20 世纪 80 年代进一步降到只有 17 种了。20 年内竟有 154 种生物灭绝或消失。

由于近海海水水质和底质的污染,改变了鱼、虾、贝类等的生活环境,造成了渔场外移,滩涂荒废。当沿海水域受到大量植物营养元素的氮、磷、铁等污染时,浮游生物营养元素如氮、磷、铁等污染时,浮游生物异常急剧地繁殖,使水色变赤。1962 年,东京内湾因"赤潮"而渔场报废,损失达 700 多万美元。海洋的污染物通过食物链在海洋生物体内蓄积,移祸于人类。美国因沿海海水中含有氰化物、酚、砷、汞、镉等总量为 160 万居里的放射性物质,使面积为 49 万公顷海滩上的贝类不能食用。在海面上随水漂

流的石油层,最后将向海岸侵袭形成所谓的"黑潮",使成千上万的海鸟被毒死。如在纽芬兰地区,两年中因此而损失的企鹅就有25万只。海洋的污染也使海盐遭到污染,某些重金属等污染物必然会以"杂质"形式混入食盐。而海盐占世界食盐总产量的1/3,长期食用受污染的海盐,必然会对人类健康造成损害。因此,要保护好海洋环境。

## 利用海燕能寻找被石油污染的海域

随着石油工业的迅速发展,海上石油污染日趋严重。据调查,每年从陆地和海上作业中排入大海的石油在200万~2000万吨,其中油船漏油40万吨,每年造成的经济损失达5亿美元。石油对鸟类是致命的,海上的油膜会杀死大片浮游生物。

但是,世界海洋辽阔广大,以致许多被石油污染了的海域难于被发现。最近,美国华盛顿大学生物学家发现,预兆风暴的海燕能帮助人们寻找被石油污染了的海域。

石油中含有微量的有毒金属及能长期存在的非芳烃碳氢化合物,这对于利用海燕来寻找被石油污染的海域、污染的程度如何、污染的扩散情况等

海　燕

是很有用的。海燕的觅食范围很广,在寻找食物时,它们会不断地尝试海洋表面的海水,而海燕又有一遭受攻击就马上呕吐的习性。生物学家捕捉海燕,用气相层析法分析海燕的呕吐物。根据呕吐物中石油非芳烃碳氢化合物含量的多少,呕吐物中有石油污染物的海燕只数的多少及海燕捕食范围的判定,就可以找到被石油污染了的海域。生物学家已在阿拉斯加州的

巴伦岛附近的海上油田做了许多试验，结果表明这一方法是成功的，既省时又省钱。当然，生物学家捕获海燕取得呕吐物之后，又将其放生，以保护这一有益的鸟类资源。

## 氯对饮水的消毒作用

氯是一种有强烈臭味的黄色气体，具有很强的氧化能力，通常是电解食盐生产烧碱（氢氧化钠）时的副产品。氯在常温下加压至 6~7 个大气压即可液化，便于贮藏和运输，使用时又通过加氯机使液态氯变为气态，溶解于水中，制成氯水，然后再投加于准备消毒的水中。到目前为止，液态氯是自来水厂中使用最普遍、成本最低的消毒剂。

除氯气外，应用于饮水消毒的氯化合物主要有漂白粉和漂粉精（次氯酸钙）。漂白粉的分子式为 $Ca(ClO)Cl$，其中有杀菌能力的氯是 $ClO^-$ 分子团中的氯，称为有效氯。$ClO^-$ 与 $H^+$ 化合成 $HClO$，具有强大的杀菌能力，而 $Cl^-$ 则无杀菌作用。商品漂白粉中有效氯含量为 25%~30%。漂粉精的分子式为 $Ca(ClO)_2$，含有效氯 60%~70%。

关于氯化消毒法的原理有很多说法，占优势的杀菌原理是：氯加入水中后，常温下在几秒钟内即可全部水解 $Cl_2 + H_2O \rightarrow HClO + H^+ + Cl^-$，水解形成的次氯酸（$HClO$），体积微小，电荷为中性，故具有较强的渗入细胞壁的能力。次氯酸是强氧化剂，能使细菌细胞中的磷酸丙糖去氢酶中的巯基被氧化而破坏，而这种酶对吸收葡萄糖有重要作用，故破坏这种酶即可引起细菌和死亡。漂白粉和漂粉精加入水中后也能水解生成次氯酸，起到杀菌的作用。

氯化消毒法的效果可受以下几种因素的影响：当 pH 值小于 5.0 时，氯水解后全部生成 $HClO$；据实验，接触 30 分钟后 $HClO$ 杀灭大肠菌的能力比 $ClO^-$ 约大 80 倍。水温高则杀菌能力强。0℃~5℃ 时全部杀灭水中一定量大肠杆菌所需时间比 20℃~25℃ 所需时间约多 3 倍。水中的悬浮物能消耗部分有效氯。因此，浑浊的水须先经过混凝沉淀、过滤等净化过程，然后再加氯消毒。加氯量必须超过水的需氯量，使在氧化和杀菌后还能剩余一些有效氯。

## 核电是安全清洁的能源

自1954年苏联造成第一座核电站以来，世界核电事业迅速发展。像法国、瑞典、芬兰等国家的核电量，已占本国发电量的30%以上。我国、印度、巴基斯坦以及韩国都有核电站在运转。但是长期以来，人们谈"核"色变，这是由于人们对核电站的不了解或者误解造成的。

**秦山核电站**

从核电站几十年的运作实践来看，核电是安全清洁的能源。核电站设计的建造标准比常规的工业要高得多，管理措施也极为严密，核电站的安全记录远比其他工业要好，对环境的有害影响微乎其微。据国外的分析资料称：核电站释放出来的稀有气体和微量放射性物质，使附近居民受到的剂量当量每年不到2个毫雷姆。而一座100万千瓦燃煤电站通过烟囱排放的镭、钍等放射性元素，使附近居民每年受到的剂量当量近5个毫雷姆，比核电站的排放量要大3倍。

另外，核电站与原子弹根本不是一回事。它们反应堆的结构和特性完全不同。发电用的反应堆大都采用低浓度裂变物质做燃料，在任何情况下都不可能像原子弹那样集聚到发生核爆炸的程度。反应堆设有完备的安全控制手段，使能量释放缓慢地进行，并有自动稳定特性，当核能意外释放太快、堆芯温度上升太高时，链式裂变反应即自行减弱乃至停止。这就保证不会发生核爆炸。

## 环境疗法主要有哪几种

所谓环境疗法，除了通常的日光浴、空气浴、水浴之外，还包括以下几种。

森林浴疗法：树木散发出一种芳香的物质有杀菌作用。如柠檬、桉叶释放出的杀菌素可杀死肺炎球菌；桧柏、松树的杀菌素可杀死白喉、结核、伤寒、痢疾等病菌。森林是消毒站，是氧气制造厂，它能产生较多的负离子，不仅能使人的血沉减慢、精神振奋，对治疗高血压、心脏病、神经衰弱等亦有显著效果。

洞穴疗法：这是对患有呼吸器官疾病的人采用的一种新疗法。我国桂林地区和匈牙利塔波尔卡医院在岩洞内设立了一些病房，接收哮喘、肺气肿、肺癌等病人和其他呼吸道病人进行治疗。据临床病例分析，洞穴里空气新鲜、负离子多、污染小，对呼吸器官疾病治疗有效率达80%以上。

花香疗法：医学家已发现有300多种杀菌素的植物和150多种香味能治疗疾病，芳香扑鼻的鲜花味也可以用来治病。如天竺花香味能使人神经安定镇静，促进睡眠，清除疲劳；米兰花香能使哮喘病人感到心情舒适；薰衣草花香可使高血压和心动过速病人减慢心率；丁香花对牙痛病人有镇痛安静作用。

沙丘疗法：我国新疆吐鲁番盆地设有沙丘医诊所，每年6～10月接待来自各地患有坐骨神经痛、腰酸腿痛、脉管炎、风湿性关节炎和消化系统障碍等病人。让患者躺在热气腾腾的沙丘上面熏蒸，使患者出汗，促进血液循环，特别对病毒引起的疾病疗效颇佳。

温泉疗法：世界各地温泉浴疗，品种繁多。新西兰是世界上著名的温泉之国。有一种喷射泥潭，可将发烫的泥巴涂满全身，待泥巴晾干后，一块块剥下来。这种泥巴浴，对治疗皮肤病、风湿病、丘疹、毛囊炎、顽癣等疗效特别显著。据疗养院统计，对脂溢性脱发患者，每周用泥巴涂2次秃顶，1个月内可长出新发，有效率达76.5%。

## 太空垃圾的危害及处理

迄今为止，人类向太空发射的各种航天器已超过4000枚。这些航天器的遗弃物，爆炸解体后留下的碎片，和那些没有利用价值的被丢弃在宇宙空间的卫星，还有各种天体爆炸的残留物等就构成了太空垃圾。太空垃圾与人类发射的正在运转的航天器一旦发生碰撞，轻则伤损，重则毁灭。这种例子屡见不鲜。

俄罗斯卫星"宇宙1275"与太空垃圾相撞后毁灭。

美国发射的一些小绳系卫星被太空碎片切断以致丢失。

1983年，一块仅有0.2毫米厚的涂料碎片，将美国"挑战者"号航天飞机机窗玻璃撞碎。"挑战者"号被迫返回地面重新维修，损失巨大。

1991年11月，一具苏联火箭残骸险些使美国"阿特兰蒂"号航天飞机在太空中机毁人亡。

1996年7月底，一块公文包大小的太空垃圾，将法国"樱桃"号军事卫星的稳定臂拦腰折断，致使该卫星在轨道上倾斜。

据科学家们观测，在环绕地球的太空垃圾带中，比棒球大的物体约有9500个，稍小一些的碎片有10万块以上，直径不到1厘米的微小物体估计有350万个，它们当中的任何一块都足以对人类发射的航天器造成巨大威胁。因为这些太空垃圾与航天器的运行速度都非常高，不管体积大小，一旦发生相撞，后果都不堪设想。

从事航天活动比较频繁的国家早已注意到太空垃圾的危害性，并采取

◆◆◆ 环境污染治理

了许多措施以减少制造新的太空垃圾，如避免产生新残骸。同时积极研究制造太空垃圾清除器，美国已研制出了"太空自动处理轨道碎片系统"的机器人，主要用于回收较大的太空碎片。美国休斯敦约翰逊太空中心的一位名叫佩特罗的工程师，发明了一种风车式轨道碎片清除器，专门清除太空中较小的碎片；日本太空署计划发射"超级吸尘器"，它能自动测定垃圾碎片的种类、数量和位置，能跟踪"吸尘"。

人类自身不合理的各种活动对地球环境已经造成了严重污染，为此而遭到了应有的惩罚。那么应该从这当中吸取教训，在对太空领域涉足不深之前，就应致力于防治太空垃圾对宇宙的污染，积极保护宇宙环境。

## 重视城市垃圾的处理

城市垃圾是城市居民日常生活的副产品。随着城市化进程的加快和经济的发展，城市居民生活稳步提高，促使城市垃圾抛弃量迅速增长，垃圾质量明显变化。城市垃圾的卫生消纳和综合治理矛盾日益尖锐化，成为影响城市整体功能正常发挥和城市居民生活、劳动环境的突出因素。

生活垃圾的产量，各城市不同，其数量和性质与生活水平、使用燃料、工商业、交通及季节等情况有关。我国人民现在每人每日平均产生垃圾约为0.8～1.0千克；国外如英国为1.0千克，法国为0.8千克，美国达到2.2千克，相差较大。北京每天垃圾有4000～6000吨，上海有4500～7000吨，容重每立方米不到半吨，积集起来相当于每天产生一座小山。这是个严重问题。如以4吨卡车来拉运，仅北京和上海两地将有3000多辆次用于垃圾运输，全国近353个城市将消耗多大的能源！可见城市垃圾是个重大问题。

垃圾不仅是数量大，又是有极大危害和含有多种有用物质的废物，这可以从垃圾的成分和性质上看到。垃圾分为有机物（主要是厨房中废弃动植食物），无机物（包括灰渣、砖石、灰土），废物（包括纸、纤维类、塑料、金属、木料、玻璃等）三大类。

这些复杂的废物污染环境，有害卫生。生活垃圾中含有大量有机可腐物质及其他有害物质，容易发酵腐化，产生恶臭，有害卫生，招引鼠鸟，滋生蚊蝇及其他害虫，而风吹、日晒、雨淋令纸尘飞扬、臭气四溢，污染大气，严重影响附近地带的环境卫生。由于大部分垃圾为露天堆放，管理不善，腐化后有渗沥水流出，污染农田，直接影响人们健康。垃圾对市容观瞻也有极大影响。

总之，从垃圾的危害来看，必须采取有效措施，适宜地进行消纳和处理。

## 把核垃圾送入海底

据美国环境质量委员会提供的报告，仅1968年一年中，美国就向海底倾倒大约4800万吨的各种废物。美国国防部曾把53000吨武器装备沉入海底，这不能不引起人们的深思与不安。

随着工业的飞速发展，各种产品的大量增加，垃圾的数量也将随着增加。垃圾出路何在？环保专家大胆提出，送入海底，同时必须防止污染海洋。地质学家认为，地球板块在洋底的海沟处是俯冲深入到地球内部的。环保专家便设想，把垃圾，尤其是放射性废物，送入海沟，让它们随着板块的俯冲而消融在地球内部，从而完美地解决垃圾的危害。当然，这一愿望的实现，还是等解开海沟这个谜后才有可能。

那么，目前人们对工业垃圾，尤其是危害极大的核垃圾又做何处理呢？根据对核垃圾残留放射性的估算，要使核垃圾的放射性蜕变达到不致造成危害的程度（即99.9%的蜕变为稳定元素），大约需1万年之久。这就要选择一个与生物圈隔绝的场所，也就是海底，把核垃圾埋藏起来。

世界经济合作与开发组织专门成立了一个国际海底工作组，负责这一工作。其选定没有地震及火山活动、沉积物丰富而且连续无重要矿产资源的海底平原作为核垃圾的贮存场所。他们用钻探船在厚层沉积物海底先钻一个垂直钻孔，然后把核垃圾经一定处理后装进坚固的金属罐内，再把若干个金属罐依次放入钻孔，各金属罐又用黏土隔开一段距离，最后用黏土沉积物封口；另外，可将金属罐排入海水中，让它自由降落，使之沉入20～30米厚的沉积物中。经这样处理后，即使过去三五百年，金属罐受海水腐蚀而破碎，也可以防止放射性污染扩散得太快太远，仍可起到与生物圈隔绝的作用，因为周围的沉积物对放射性核素有着强烈的吸附作用。据测算，每颗沉积物微粒能吸附1000个核素原子。

## 人类解决环境问题的六个层次

今天，人们已经认识到，必须全面系统地去认识环境问题。对任何环境问题，都不能孤立地去解决，必须纳入更大的范围内，进行全面规划，综合解决。这种系统地解决环境问题的办法由低到高有6个不同的层次。

低层次 ↕ 高层次

- 第一层次——由点到面（解决每一种环境污染与破坏时，由点的治理发展到面的综合治理）
- 第二层次——由单因素到多因素（对构成环境的诸因素，水、气、土等，由单因素治理发展到多种因素的综合治理）
- 第三层次——由单纯的治理到防治结合（在治理与预防之间进行整体规划，做到以防为主，防治结合）
- 第四层次——由单一手段到多种手段（多种手段与方法，诸如环境监测、环境评价、环境工程以及经济的、行政的、环境标准的、教育的等等，协调配合，全面有效地解决环境问题）
- 第五层次——由一个国家到全球各大区域（多国之间共同规划，协调解决环境保护问题）
- 第六层次——由单纯环保问题到多个重大问题（在世界范围内，把环境保护与人口、资源和发展等当代世界的重大问题联系起来，全面规划，综合平衡，共同解决）

环境与人类生活

## 巧用海洋遏止"温室效应"

1987年,南极冰海一座相当于2个罗德岛的巨大冰山崩裂溅入大海;1988年8月,非洲西海岸形成的"吉尔伯特"号飓风速度高达200英里/小时,为西半球所遭遇的破坏力最大的飓风;同年美国之夏,创造了有史以来的最高纪录,以火炉著称的弗尼斯克里克和加利福尼亚在8月1日的气温高达46.7℃。可怕的温室效应正向人类袭来,其后果很可能就像一位著名气象学家所预言的那样:假如温室效应得不到有效的遏制,那么整个现代文明有可能在500年内被毁灭殆尽。

科学家们提出了种种策略,其中颇具魅力的是巧用海洋术。这是因为海洋具有"一大二强"的优势,所谓"大"就是占地球表面积的70.8%,"强"指的是吸热能力高,例如每立方厘米海水降低1℃,就要放出使3000立方厘米空气升高1℃的热量。按此计算,全球100米厚的表层海水降低1℃则足以使全球气温升高60%,说明海水的热容量之大。据此,科学家们提出了利用海洋对付温室效应的"三招"。

"大反射镜"可谓一招。这是美国科学家率先提出的。该方案的核心是将一种洗涤剂散布于海面,使之变成一面强大的反射紫外线及太阳能的大镜子。用来充当海洋"镜面"的洗涤剂必须具有黏着力强、表面活性高、不易与其他物质发生化学反应、污染性小等优点。当这种特异洗涤剂放入海洋后,便会迅速向海面蔓延而形成一条几百米宽、几千千米长的白色浪花薄膜,我们不妨称之为白色泡沫通道。据称这种泡沫通道足可反射80%的太阳能,而且泡沫镜面一般"寿长"达几个月,特别是当泡沫消失后,其产生的反射膜仍然不散,因此当有轮船通过时,继续形成具有反射能力强的白色泡沫浪花。这种"反光镜面"威力如何?据估计,如果整个洋面只要有5%~10%被海船行驶时所激起的泡沫浪花所覆盖,其作为反射太阳能的镜面就足以抵消掉因$CO_2$的增加而导致的温室效应。

日本科学家则另有新招,他们试图将$CO_2$送入海底封存起来。这并非奇思异想，其道理就在于$CO_2$气体在300个大气压（30兆帕）条件下的比重大于海水，尤其是当海水温度在$-10℃\sim0℃$之间时能够与海水密切起来，并生成一种酷似冰糕状的笼形包合物，当然就难以在海洋中自由自在地扩散了。这种方法也不复杂，通常只要将工厂排放的$CO_2$气体回收并液化，然后安装一组海洋输送管道，将上述液化$CO_2$压入海水深达3000米的海底，当海底温度为0℃以下时，$CO_2$气体便可立即在海底形成牢固的笼形包合物，于是$CO_2$便在这里安家落户，十分安全。如果不发生强烈地震等强大的动力，$CO_2$是难逃海底而窜入大气层的。日本科学家已着手进行生成人工的笼形包合物的实验，对在500个大气压下所形成笼形包合物的全过程已了如指掌；日本文部省还将海底封存$CO_2$新技术作为"能源重点领域研究"大课题的一大主题。看来，研究者决心以最快的速度使这一技术实用化，为控制温室效应做出贡献。

最引人注目的莫过于向海洋施加铁质肥料，培养海洋藻类生物，用以消耗大气中过量的$CO_2$气体。美国加利福尼亚外摩斯兰汀海洋实验室的海洋地理学家约翰·马丁博士拟定在南极洲的广大海域付诸实施。马丁博士等研究发现，海藻同所有其他植物一样，都需要铁元素参与才能正常制造叶绿素，但问题是南极洲远离含铁量丰富的陆地，藻类因缺铁而无法繁殖生长。为了进一步证实这一结论，马丁博士专门收集了若干瓶南极海水，并以正常含铁海水作为对照，种植海藻。种时分别在各南极海水瓶中加入不同剂量的铁质，结果凡加入足量铁质的瓶内海藻无一例外地旺盛生长，仅数天内其产生的叶绿素含量就猛增10倍之多。迄今马丁博士一方面准备在南极陆缘海域洋面上人工设置若干人造浮体，准备种植几百万平方千米的海藻，同时补施铁质肥料；另一方面广泛争取国际间的合作，试图在全部南极洋上普施一次足量的铁质肥料，用以促进海藻的大量繁殖。环境学家们普遍认为，如果这一方案充分实施，将无疑缓解温室效应的危害。

人类过去离不开海洋，看来现在乃至将来，人类永远需要海洋。但愿海洋在遏制温室效应的斗争中再创佳绩。

## 监测水质污染的"哨兵"

在自然界，几乎所有的鱼类和水中软体动物，对水体环境的变化，都能作出相应的行为反应。如今，它们的这种"特异功能"，逐渐为环保科学家所利用，成为监测水质污染的"哨兵"。

**水质勘测员**

说鱼也会"咳嗽"，许多人一定十分惊奇。其实，生活在水中的绝大多数鱼儿与人类一样，在受到外界环境的不良刺激时也会"咳嗽"起来。不过，鱼儿"咳嗽"一般来说并不是由于伤风感冒，而是它们正常换气周期的停顿。通过"咳嗽"，鱼儿可以清洗掉积聚在自己腮耙表面的污泥杂质，以保持面部清洁卫生，就像人们每天都要洗脸一样。因此，鱼类学家将这一现象称之为"净腮"动作。

近来科学家们发现，鱼类的咳嗽次数与水体的污染程度有关。当水中的污染物，如金属、农药、工业废油和废水等超过一定的含量时，鱼儿就会咳嗽起来，而且，随着污染物浓度的增加，鱼儿的咳嗽次数也成正比例上升。例如，大西洋幼鲑在清洁的水域里，显得悠哉悠哉，可是，一旦它游入含有较高浓度的金属铜或锌等污染的水体中，便会立即咳嗽不止。因此，鱼类的"咳嗽反应"已成为生物监测水体污染的又一种新的标志。科学家们现已利用鱼口一张一闭的肌肉活动所产生的微弱电场，通过高灵敏度的电极与计算机相连的放大器，成功地绘制出上百种鱼儿咳嗽频率与水体污染程度的关系曲线。根据鱼的咳嗽状态和查阅分析"关系曲线"，便可随时掌握水质污染的情况。英国泰晤士河上的"水监站"，就是选用鲑鱼来"担任"水质监测员工作的。十几年来，科学家一直是根据这些忠实可靠的"水监员"报告的水质情况资料，来防治河水污染的。

**污水监测器**

牡蛎是一种海洋软体动物,有左右两片贝壳,一面大而隆起,另一面小而平整,以附贴于岩礁或其他物体上生活。牡蛎肉味鲜美,富含糖原及维生素,是人们喜爱的海鲜食品。每只牡蛎每天都利用自己的身体组织过滤大量的海水,从而吸收海水里的藻类食物。当它感到水质污染达到危险程度时,便会自动关上两片体壳。舒尔顿和他的助手就利用牡蛎的这种自然反应,设计了一套水质污染监测装置。他们在牡蛎的两片壳上装上监测器,用导线把监测器连到电脑上去;电脑预设了程序,每当牡蛎壳自动合上,就会发出警报,显示水质有问题。接着,他们就提取牡蛎样品,分析其组织里积聚的化学物质,从而进一步监测水质污染的程度。

牡　蛎

现在,这套"牡蛎污水监测器"已开始批量生产,每套售价为1.25万美元。尽管价格不菲,但荷兰、英国和美国的环保机构纷纷引进,将其运用于自来水公司和养鱼场水质的早期预报,以及用来对于排出工业废料的企业在意外污染了海水时,能快些作出反应,以便及时采取有效的对策。

**水质检测员**

几年来,法国的一些自来水公司都大胆启用鳟鱼值班,每班次由3条鳟鱼充当水质"监测员"。据了解,其预报水质污染的准确性并不亚于超微量化学分析仪。

鳟鱼和大多数硬骨鱼类一样,有发达的嗅囊,其内表面的上皮细胞具有嗅觉功能。嗅细胞的神经纤维到达嗅球，与嗅球中的神经细胞的树状突相联系。当嗅觉组织受到某些化学污染物刺激时，嗅球的电子活性就会发生变化，人们根据这种电信号，便可直接探测饮用水中某些化学污染物。

而非洲尼日利亚的狗鱼，不但有着灵敏的嗅觉，能辨别出混杂在饮用水中的极微量的有害物质，而且，它那条敏感的长尾巴，能自由自在地在水中游来荡去，并具有放射电脉冲的功能。当人们通过相同间歇时间放进新鲜活水去检验水质时，狗鱼就会根据嗅到的水质污染的程度不同，而发出不同频率的电脉冲，通过专用放大器的作用，会产生一种听得见的噼啪响声。当声音的频率为400～800赫兹时，表明水质清洁，符合饮用卫生标准；当频率下降到200赫兹甚至更低时，表明水中污染物含量过高，不宜饮用，这时供水站信号盘上发出预防性警报，提醒工作人员采取紧急措施。

鳟 鱼

在德国，担此重任的却是会发电的象鼻鱼。环保科学家根据象鼻鱼在不同污染程度的水中发出的电脉冲大小不同的特点来监测水质，十分灵验。最近，他们又开始在下水道的污水里放养鳅鱼，这些鱼不仅吃掉了下水道、阴沟里的蚊子幼虫和其他微生物，还能起到"净化器"的作用，消除地下污水那难闻的气味。

# 除噪新招

以往科学家为减少噪声对环境的污染，通常采用过滤吸收和屏蔽的方法。随着现代高新技术的飞速发展，消除噪声成为环境学家最关注的新课题，而对噪声控制的研究，已发展成为一门新学科——噪声控制学。它作

◆ ◆ ◆ ◆ 环境污染治理

为一门边缘科学,涉及声学、建筑、材料、计算机等多种学科。现在,科学家采用高科技来防噪降噪,并由昔日的"被动"控噪,发展到今日的"主动"控噪。

在"主动"防噪、抗噪高技术的研究中,英国科学家率先取得新进展。噪声实际上是由空气振动产生的,科学家根据与噪声振动方向相反但强弱相同的声音会相互"吃掉"的原理,研制出"以噪制噪"的"主动噪声控制"新技术,其设备由一组声音探测器、信息处理器和声音合成器组成。当声音探测器"听到"噪声时,经信息处理器对噪声进行分析,由计算机控制"克隆"出相应的"反声",指令声音合成器发出与噪声相应的"反声"的"协奏曲",从而消除噪声,达到"闹中取静"的效果。目前,英、日、美、法等国在高级豪华的小轿车中已装备这个系统。美国还用此来消除空调器、抽风机、磁偏振成像系统、大功率冰箱等电器的噪声,以在小范围内取得"闹中取静"的效果。

科学家在对噪声"治标"的同时,还积极探索"治本"的途径,从以末端治理为主,逐步转到从噪声的源头开始控制,为此,开始实施"清洁"生产。英国研制的一种"哑巴金属"铜锰合金,能"吃掉"由振动而产生的"噪声",使潜水艇螺旋桨不会发出响声,声纳对此毫无作用;此外,还推出一种压电陶瓷制动器减少振动,消除噪声,并用于飞机发动机上;日本则用能消除振动、减少噪声的铅钢合金材料制造鼓风机;还将制动器、传感器的技术用到单层薄膜上作为声学墙布,安装在智能建筑物上,通过自身的主动振动来消除外来噪声。奥地利则研制多孔轮胎,用以吸收与其路面接触时产生的空气振动,以减少噪声,并用一种多孔沥青混凝土筑路,消除交通噪声。

## 变噪声为福音

美妙悦耳的音乐能令人心旷神怡。为此,日本科学家采用现代高科技,将令人心烦的噪声变成美妙悦耳的"乐声"。他们研制出一种新型"音响设备"，将家庭生活中的各种流水，如洗手、淘米、洗澡等生活废水的噪声变成悦耳的协奏曲，使家家户户的室内再也听不到嘈杂的流水噪声，取而代之的则是室内充满溪流潺潺声、森林瑟瑟声、虫鸣声和海浪潮流声等大自然的音响。美国也研制出一种吸收大都市噪声为大自然"乐声"的合成器，将街市的嘈杂喧闹噪声变为大自然声响"协奏曲"。英国科学家还研制出一种像电吹风声响的"白噪声"，具有均匀覆盖其他外界噪声的功效，并由此生产出一种名为"宝宝催眠器"的"催曲术"产品，使婴幼儿自然酣睡。

由于噪声被认为是一种能量，如鼓风机的噪声达140分贝时，其噪声具有1千瓦的声功率。英国科学家据此设计出一种鼓膜式噪声接收器，将它与可以增大声能集聚能力的共鸣器连接，放在噪声污染区，其接收的噪声能量作用于声能交换器，就能将声能转变为电能利用。

而美国则利用高能量的噪声可以迫使烟灰相聚的原理，研制出一种2000瓦功率的除尘器，可发出声强160分贝、频率2000赫兹的噪声，将其装在一个很大壁厚的容器里，用于除尘效果十分好，可以减少大气的污染。

噪声还可以用于农业上。由于植物受到定时定量的声音刺激后，气孔会张至最大，能吸收更多的二氧化碳和养分，使植物光合作用加快，可以加快植物的生长和提高产量。科学家通过对西红柿试验，经过30次的100分贝的噪声刺激后的西红柿，产量可以提高2倍，而且果实比以往大30%，达到增产目的。另外，不同的植物对不同的噪声的敏感程度不相同，科学家研制出一种噪声除草器，其发出的噪声能使草种子提前发芽，这样可以在作物生长之前，用药将草消灭，而达到除草目的。

## 利用潜力巨大的地热

地球上火山喷出的熔岩温度可高达1200℃～1300℃，天然温泉的温度大多在60℃以上，有的甚至高达100℃～140℃。这说明地球是一个庞大的热库，蕴藏着巨大的热能。

地球每一层的温度是不相同的。从地表以下平均每下降100米，温度就升高3℃，在地热异常区，温度随深度增加得更快。我国华北平原某一个钻井钻到1000米时，温度为46.8℃；钻到2100米时，温度升高到84.5℃。另一钻井，深达5000米，井底温度为180℃。根据各种资料推断，地壳底部和地幔上部的温度为1100℃~1300℃，地核为2000℃~5000℃。全球地热能的潜在资源，相当于现在全球能源消耗总量的45万倍。地下热能的总量约为煤全部燃烧所放出热量的1.7亿倍。

冰岛的地热资源非常丰富。6000多万年前，北大西洋向北延伸并展宽，洋底的裂谷于5000多万年前伸进北冰洋底，从而把格陵兰岛与欧洲的联系隔断。冰岛则是在1500万年前由海底玄武岩喷发而成，作为大西洋中脊上的一个岩浆喷发热点，冰岛的火山活动至今仍很活跃。

潜力巨大的地热

在冰岛10多万平方千米的国土上，有30座活火山，平均每5年就有一次较大规模的火山爆发；冰岛1/9的国土被喷出的火山熔岩所覆盖，境内地震频繁，温泉处处，真可谓是一片"水热火深"的土地。

冰岛首都雷克雅未克的居民已多年不用煤和油取暖了。从1928年起他们就开采地热。现在冰岛人口中约有1/2依赖于首都的热水供应系统，当地的地热发电能力为500兆瓦，这相当于一个大型火力发电厂，每年可供电约30亿千瓦时。

产生地热能源需要两大要素：发热的岩石和滚烫的水。在冰岛，这两者都具备，而且很丰富。由此派生出地热利用的两种模式，一种是直接将地下热水抽出，另一种是向地下有热岩的地方注入冷水，利用热岩加热冷水，再把热水从另一处抽出。前一种方式较省事，但地下热水中含有多种腐蚀物，对供热管道的腐蚀极大，如无有效措施事先加以防治，这种地热利用是不会长久的。后一种方式虽然腐蚀问题不严重，但是，很难掌握地下那个巨大的"加热炉"(即热岩)的运作。总之,不论哪种方式利用地热,都涉及要拥有先进的科学技术和工业基础。

# 向太阳借能量

太阳能一般指太阳光的辐射能量。在太阳内部进行的由"氢"聚变成"氦"的原子核反应,不停地释放出巨大的能量,并不断向宇宙空间辐射能量,这种能量就是太阳能。太阳内部的这种核聚变反应,可以维持几十亿至上百亿年的时间。太阳向宇宙空间发射的辐射功率为 $3.8 \times 10^{23}$ 千瓦的辐射值,其中二十亿分之一到达地球大气层。到达地球大气层的太阳能,30%被大气层反射,23%被大气层吸收,其余的到达地球表面,其功率为800000亿千瓦。也就是说,太阳每秒钟照射到地球上的能量就相当于燃烧500万吨煤释放的热量。平均在大气外每平方米面积每分钟接受的能量大约有1367瓦。广义上的太阳能是地球上许多能量的来源,如风能、化学能、水的势能等等。狭义的太阳能则限于太阳辐射能的光热、光电和光化学的直接转换。

人类对太阳能的利用有着悠久的历史。我国早在2000多年前的战国时期,就知道利用钢制四面镜聚焦太阳光来点火;利用太阳能来干燥农副产品。发展到现代,太阳能的利用已日益广泛,它包括太阳能的光热利用,太阳能的光电利用和太阳能的光化学利用等。太阳能的利用有光化学反应,被动式利用(光热转换)和光电转换两种方式。太阳能发电是一种新兴的可再生能源利用方式。

**太阳能集热管**

### 环境污染治理

使用太阳电池，通过光电转换把太阳光中包含的能量转化为电能；使用太阳能热水器，利用太阳光的热量加热水，并利用热水发电，利用太阳能进行海水淡化。现在，太阳能的利用还不很普及，利用太阳能发电还存在成本高、转换效率低的问题，但是太阳电池在为人造卫星提供能源方面得到了应用。

太阳能热管的样子很像一个长长的热水瓶胆。在结构上两者好像亲兄弟，有些相似。热管有一个透明的玻璃管壳，里面有一个能盛装液体或气体的吸收管。两管之间被抽成真空，成为真空夹层。这和热水瓶胆的内外层之间抽成真空是一样的，都是为了防止热量散失出去。两者所不同的是，热管的外玻璃管壳是透明的（热水瓶胆的外表面镀了一层光亮的水银），而且吸收管的外壁上涂有一层特殊的涂层。这样，当阳光照在热管上，吸收管上的涂层就能大量吸收光能，并将光能转变成热能，从而使吸收管内装的液体或气体的温度升高。

由于热管既能充分采集光能，又具有很好的保温性能，所以它在有风的严冬，或者阳光很弱的情况下，都有着良好的集热性能，而且能提供高达100℃的热水。它比太阳能平板集热器的集热性能好，并具有拆装方便、使用寿命长等优点。

热管可以单个使用，如用在太阳能灶上；也可根据需要，用串联或并联的方法将几十支热管装在一起使用。

热管在美国使用较普遍。在一些工厂、医院、学校和机关的楼房顶上，整齐地排列着一排排热管。有一处屋顶，面积约800平方米，竟排列着8000多支热管，甚为壮观。这些热管在一天之内可以供应大量的工业用热水，并能在一年里连续不断地为它的主人提供所需要的热能。

此外，热管还广泛用于制冷、海水淡化、空调、采暖和太阳能发电等许多方面，是一种深受人们喜爱的太阳能器具。

## 风能造福人类

风能是太阳能的一种形式。由于太阳能辐射造成地球各部分受热不均匀，引起大气层中压力不平衡，使空气在水平方向运动形成风，空气运动产生的动能就叫风能。太阳能每年给全球的辐射能约有2%转变为风能，相当于$1.14 \times 10^{16}$千瓦时电力的能量，大约为全世界每年燃烧发电量的3000倍。虽然风能具有储量大、分布广、可再生和无污染等优点，但是风能亦有密度低、能量不稳定和受地形影响等缺点。因

风力发电

此地球上的风能资源不可能全部利用。我国有可利用的风能资源约为$2.53 \times 10^{11}$瓦，相当于1992年全国发电总装机容量的1.5倍，平均风能密度为100瓦/平方米。

人类利用风能已有数千年的历史，埃及、巴比伦和中国等文明古国都是世界上利用风能最早的国家。风帆助航是风能利用最早的形式，直到19世纪，风帆船一直是海上交通运输的主要工具。风力提水是早期风能利用的主要形式，公元前3600年左右古埃及就使用风车提水、灌溉。12世纪初风车才传入欧洲，在蒸汽机发明前，风车一直是那里的一种重要的动力源。有"低洼之国"之称的荷兰早就利用风车排水造田、磨面、榨油和锯木等，至今还有数以千计的大风车作为文物保存下来，已成为荷兰的象征。19世纪，当欧洲风车逐渐被蒸汽机取代后，美国却在开发西部地区时使用了数百万台金属制的多叶片现代风车进行提水作业。中国利用风车提水亦有1700多年历史，一直到20世纪中叶，仅江苏省就还有20余万台风车用于

### 环境污染治理

灌溉、排涝和制盐等。

风力发电是近代风能利用的主要形式。19世纪末，丹麦开始研制风力发电机（简称风力机），但是一直到20世纪60年代，虽然工业化国家陆续制造出一些样机，但除充电用的小型风力发电机外，都没有达到商品化的程度。1973年石油危机发生以后，人们认识到煤炭、石油等化石燃料资源有限，终究会消耗殆尽，而且燃料燃烧所引起的空气污染和温室效应等环境问题日趋严重。为了保护我们赖以生存的地球，大力开发可再生的清洁能源，如风能、太阳能、海洋能等势在必行。风能利用又重新受到重视，并取得了长足的进步，500千瓦的风力发电机已进入市场，到1993年底全世界风力发电机装机容量约300万千瓦，年发电量50亿千瓦时。风力发电已具有与常规能源发电竞争的能力。

将风的动能转化为可利用的其他形式能量（如电能、机械能、热能等）的机械统称为风能转换装置。风力机是最通用的风能转换装置。现代风力机一般由风轮系统、传动系统、能量转换系统、保护系统、控制系统和塔架等组成。

风轮系统是风力机的核心部件，包括叶片和轮毂。风轮叶片类似于飞行器——直升机的旋翼，具有空气动力外形，叶片剖面有如飞机机翼的翼型。从叶根到叶尖，其扭角和弦长有一定的分布规律。当气流（风）流经叶片时，将产生升力和阻力。它们的合力在风轮旋转轴的垂直方向上的分量可以使风轮旋转，并带动传动轴转动，将风的动能转换成传动轴的机械能。

风力机的保护系统和调节系统是保证安全和提高功能的重要部件。风力机调节系统是自动调节风轮运动参数的机构，主要由调向装置和调速装置组成。调向装置的作用是调节风轮旋转平面与气流方向相垂直，使风力机的功率输出最大。小型风力机常用尾舵调向，当风轮旋转轴与气流方向不一致时，作用在尾舵上的空气动力可使风轮旋转平面与气流方向保持一致。中大型风力机常用伺服电机，在风向标和测速电机的控制下，它可以正反转动，调整方向。

调速装置是调节风轮转速的，在风力机工作风速范围内起功率调节作用，在高风速时起保护作用。

　　塔架用于支撑风力机风轮、机舱等部件，将风轮置于一定高度，利用风的剪切效应，使风轮增加输出功率。例如，在乡间田野上，如果10米高度处的风速为5米/秒，那么在20米和30米高度处的风速就可分别达到5.6米/秒和6米/秒。风轮的输出功率与风速的立方成正比，当一个风轮在5米/秒风速时输出的功率是100千瓦，而在6米/秒风速时就可达到173千瓦。现代风力机在塔架底部安装有专门的电子监控系统，使各部件协调运行，并对故障情况进行监测。

**垂直轴式风力机**

　　风力机的形式很多，且各有特点。按风力机额定功率大小，可划分为微型（小于1千瓦）、小型（1～10千瓦）、中型（10～100千瓦）和大型（大于100千瓦）风力机。按照风轮旋转轴形式分，又有水平轴风力机和垂直轴风力机之别。最常见的是水平轴风力机，技术上比较成熟。垂直轴风力机与水平轴风力机相比，第一，它可以在任意风向情况下运动，不需要调向装置；第二，发电机的位置接近地面，维修方便。垂直轴风力机的风轮有两种，一种是阻力型，常见的有萨冯尼斯风轮、还有平板式和涡轮式风轮等；另一种是升力型，常见的有Φ形达里厄风轮和直叶片风轮等。垂直轴风力机的缺点是起动和制动性能差。

　　水平轴风力机按风轮叶片数目又有单叶片、双叶片、三叶片和多叶片几种。水平轴风力机按风轮与风向和塔架的相对位置划分，有上风式和下风式风力机。风先流过风轮再通过塔架的为上风式风力机；风先流过塔架再通过风轮的为下风式风力机，它具有自动对风能力，但气流在塔架后面会形成涡流，使风轮的输出功率下降，称为塔影效应。

　　人类利用风能按用途分有风帆助航、风力提水、风力发电和风力致热等多种形式,其中风力发电是近代发展的最主要的形式。

尤其是近十年来,风力发电在世界许多国家得到了重视,发展应用很快。应用的方式主要有这么几种:①风力独立供电,即风力发电机输出的电能经过蓄电池向负荷供电的运行方式,一般微小型风力发电机多采用这种方式,适用于偏远地区的农村、牧区、海岛等地方使用。当然也有少数风能转换装置是不经过蓄电池直接向负荷供电的。②风力并网供电,即风力发电机与电网联接,向电网输送电能的运行方式。这种方式通常为中大型风力发电机所采用,稳妥易行,不需要考虑蓄能问题。③风力/柴油供电系统,即一种能量互补的供电方式,将风力发电机和柴油发电机组合在一个系统内向负荷供电。在电网覆盖不到的偏远地区,这种系统可以提供稳定可靠和持续的电能,以达到充分利用风能、节约燃料的目的。④风/光系统,即将风力发电机与太阳能电池组成一个联合的供电系统,也是一种能量互补的供电方式。在我国的季风气候区,如果采用这一系统可全年提供比较稳定的电能输出,补充当地的用电不足。

风力提水是早期风能利用的主要形式,至今许多国家特别是发展中国家仍在使用。风帆助航是风能利用的最早形式,现在除了仍在使用传统的风帆船外,还发展了主要用于海上运输的现代大型风帆助航船。1980年,日本建成了世界上第一艘现代风帆助航船——"新爱德"号,它有两个面积为12.15米×8米的矩形硬帆,其剖面为层流翼型,采用现代的空气动力学新技术。据统计,风帆作为船舶的辅助动力,可以减少燃料消耗10%~15%。

风力提水

风力致热是近年来开始发展的风能利用形式。它是将风轮旋转轴输出的机械能通过致热器直接转换成热能,用于温室供热、水产养殖和农产干燥等。致热器有2类：①采用直接致热方式，如固体与固体摩擦致热器、搅拌液体致热器、油压阻尼致热器和压缩气体致热器等。②采用间接致热方式，如电阻致热、电涡致热和电解水制氢致热等。目前风力致热技术尚处在示范试验阶段，试验证明直接致热装置的效率要比间接致热装置的效率高，而且系统简单。

# 垃圾发电

开发城市垃圾能源，利用城市垃圾发电，化害为利，变废为宝，不仅减少了垃圾对环境的污染，还为解决当今能源匮乏问题开创了新路，是解决日益增多的城市环境污染和日渐短缺的常规能源的一种最佳选择。专家们预言，垃圾发电在21世纪将成为能源市场的一名新主角。

垃圾，是人类在生产和生活中遗弃的废料。随着世界经济的发展，人口的急剧增长，工业和生活垃圾越来越多。如美国，每年"生产"城市生活垃圾2.5亿吨，工业垃圾22亿吨。被称为亚洲"垃圾王国"的日本，年"生产"各类垃圾3亿多吨。目前全球每年产生的垃圾总量达450亿吨，人均约8吨。其中，全球每年新增垃圾100多亿吨，递增速度高达8%～10%。如此丰富的垃圾资源已成为全球科技界开发的又一新领域。

科学研究表明，在城市垃圾中，蕴藏着大量的二次能源物质——有机可燃物，其含有的可燃物的比例和发热值相当高。如通常城市生活垃圾中的灰渣，可燃物占27%，菜类可燃物占23.5%，纸类可燃物占84.4%，塑料可燃物占88%。综合起来，大约2吨垃圾燃烧的热量就相当于1吨煤燃烧时所发出的热量。因此，能源专家认为，一座城市的垃圾，就像一座低品位的"露天矿山"，可以无限期地进行开发。而开发使用最经济有效的方法，就是开发城市垃圾发电。

利用城市垃圾能源发电，近年来，迅速在全球蓬勃发展。目前，美、日、法、英、德、荷、意等工业发达国家都将垃圾发电列入国家"议事日程"，投入大量资金和人力，运用现代高科技手段，大规模地开发城市垃圾发电新技术,并使其趋于商业化。目前,全球有 800 多座形形色色的垃圾电站在运行。德国 1995 年垃圾电厂有 67 座;美国有 170 多座垃圾电厂;日本目前有垃圾电厂 125 座,总发电能力 450 兆瓦,到 2010 年垃圾电厂将达 200 座以上,总发电能力 10 吉瓦(1 吉瓦 = $10^9$ 瓦);英国将有 50% 以上垃圾用于发电。因此,城市垃圾发电作为一种新能源,其开发前景广阔。

美国垃圾热电厂的装机容量为 1.27 吉瓦,日本为 1.25 吉瓦,法国为 970 兆瓦。美国的垃圾热电厂是近年世界上发展最快的。美国投资 3.2 亿美元于 1990 年 11 月运行的埃萨克斯县垃圾热电厂,日处理垃圾 2277 吨。日本最大的垃圾热电厂——横滨鹤见发电厂,日处理垃圾 1200 吨,年处理能力 34 万吨,使用 3 台高效率的复水式汽轮机,最大发电能力达 22 兆瓦。

此外,不少国家还积极开展将垃圾制成固体燃料,或用工业垃圾直接燃烧,进行发电。印度在马德拉斯市兴建一座垃圾浓缩燃料电厂,其日处理垃圾燃料 60 吨,发电能力 5 兆瓦。英国在苏格兰建成每年可焚烧 800 万只废旧轮胎的垃圾热电厂,向 2.5 万户家庭供电。日本在福岛县的岩木建一座以废塑料作燃料的热电厂,日处理废塑料 200 吨,发电能力 25 兆千瓦,向 1 万个家庭供电。

我国垃圾"资源"也十分丰富,全国每年产生垃圾 1 亿多吨,年增长速度达 10%。其中上海市年"生产"垃圾 438 万吨,北京市每天"生产"垃圾 1.3 万吨,广州市日人均"生产"垃圾 1.1 千克。我国垃圾发电工业已经起步,利用城市垃圾发电也已列入各大城市的议事日程。不少大中城市已开展垃圾发电。

当前利用城市垃圾发电,有多种途径。一种是利用城市垃圾填埋制取沼气,进行发电,而更主要的是将垃圾用焚烧炉燃烧的余热进行发电,再就是将垃圾制成固体燃料直接燃烧进行发电。

利用垃圾"沼气田"发电,可以说是当前技术成熟、投资少、造价低、使用管理方便,备受各发达国家青睐的一种城市垃圾处理途径。因此,目前有 140 多座"垃圾沼气田"发电站在世界各地运行。荷兰 1991 年就已颁布城市垃圾沼气发电计划,并投资 8000 多万美元,建造了几座大型沼气发电厂。荷兰北部威达斯特垃圾沼气田,储有 1500 万吨生活垃圾,每小时可产沼气5000立方米，可转化为4.5兆瓦的电能，到2000年，荷兰全国垃圾沼气利用将达2.5亿~3亿立方米，届时可供荷兰全国30多万个家庭的用电量。法国在梅斯举行了"欧洲发酵垃圾开发大会"，提出加快利用垃圾生产沼气发电的计划。芬兰首座垃圾沼气田发电厂在万塔建成投产，已填埋103万吨垃圾，在今后10年内可生产3000万立方米的沼气用于发电。英国目前垃圾沼气田发电能力达18兆瓦，英国能源部拟将在10年内再投资1.5亿英镑兴建一批垃圾沼气田发电厂。而美国伊利诺斯州的垃圾沼气田发电厂，占地61公顷，填埋180万吨垃圾，发电能力1600千瓦，相当于每年用2.8万桶石油的发电量。日本在千叶县建成的4.2万平方米的垃圾沼气田发电厂，年发电量达1.1万千瓦时。

# 种石油

面对全球石油资源日益枯竭的逼人局面，科学家经过大量科学实验，最后得出一个惊人的结论：石油可以种植，从而开启了向植物要石油的伟大实验。

美国有位得过诺贝尔奖的化学家，名叫卡达文。他从花生油、菜籽油、豆油这些可以燃烧的植物油都是从地里种出来这点推论出，石油也应该可以种植。于是，从1978年起，他就决心要将石油种出来，以验证自己的预言。随后，卡达文就到处寻找有可能生产出石油的植物，并着手进行种植试验。

有一天，卡达文发现了一种小灌木。他用刀子划破树皮后，一种像橡胶的白色乳汁便流了出来。然后，他对这种乳汁进行化验，发现它的成分和石油很相似，就把这种小灌木叫做"石油树"。

接着，卡达文便忙碌起来，既选种，又育种，还在美国加利福尼亚州试种了约6亩地的"石油树"。结果，一年中竟收获了50吨石油，引起了人们对"种石油"的兴趣。

此后，美国便成立了一个石油植物研究所，专门从事"种石油"的研

能产石油的植物

究试验。这个研究所人员发现，在加利福尼亚州有一种黄鼠草中就含有石油成分。他们从1公顷这种野生杂草中提炼出约1吨的石油来。后来，研究人员对这种草进行人工培育杂交，提高了草中的石油含量，每公顷可提炼出6吨石油。

在巴西，有一种高达30多米、直径约1米的乔木，只要在这种树身上打个洞，1小时就能流出7千克的石油来。

菲律宾有一种能产石油的胡桃，每年可收获两季。有一位种石油树的能手，种了6棵这样的胡桃树，一年就收获石油300升。

人们不仅在陆地上种石油，而且还扩大到海洋上去"种"石油，因为大海里的收获量更大。

美国能源部和太阳能研究所利用生长在美国西海岸的巨型海藻，已成功地提炼出优质的"柴油"。据统计，每平方米海面平均每天可采收50克海藻，海藻中类脂物含量达6%，每年可提炼出燃料油150升以上。

### 环境与人类生活

加拿大科学家对海上"种"石油也产生了兴趣，并进行了成功的试验。他们在一些生长很快的海藻上放入特殊的细菌，经过化学方法处理后，便生长出了石油。这和细菌在漫长的岁月中分解生物体中的有机物质而形成石油的过程基本相似。但科学家只用几个星期的时间就代替了几百万年的漫长时光。

英国科学家更为独特，他们不是种海藻提炼石油，而是利用海藻直接发电，而且已研制成一套功率为25千瓦的海藻发电系统。研究海藻发电的科学家们将干燥后的海藻碾磨成直径约50微米的细小颗粒，再将小颗粒加压到300千帕，变成类似普通燃料的雾状剂，最后送到特别的发电机组中，就可发出电来。

目前，一些国家的科学家正在海洋上建造"海藻园"新能源基地，利用生物工程技术进行人工种植栽培，形成大面积的海藻养殖，以满足海藻发电的需要。

利用海藻代替石油发电，具有这样的两个优点：①海藻在燃烧过程中产生的二氧化碳，可通过光合作用再循环用于海藻的生长，因而不会向空中释放产生温室效应的气体，有利于保护环境。②海藻发电的成本比核能发电便宜得多，基本上与用煤炭、石油发电的成本相当。据计算，如果用一块56平方千米的"海藻园"种植海藻，其产生的电力即可满足英国全国的供电需要。这是因为海藻储备的有机物等于陆地植物的4~5倍。由此可以看出，利用海藻发电大有可为，具有诱人的发展前景。

当前，各国科学家都在积极地进行海藻培植，并将海藻精炼成类似汽油、柴油等液体燃料用于发电，从而开辟了向植物要能源的新途径。

## 我国应对大气污染所采取的措施

人类活动导致全球大气层的主要变化及环境问题可以归结为3个方面：①大气中温室气体增加导致气候变化；②大气臭氧层的破环；③酸雨和污染物的越界输送。

◆◆◆◆ 环境污染治理

为了保护全球大气环境，改善本国的环境质量，一些国家在治理大气污染方面制定了新的计划。1996年，英国政府宣布实施为期10年的"全国空气质量战略"计划，以使21世纪英国的空气变得清新。据统计，英国约20%的车辆造成了80%的汽车废气污染。为此，英国政府将授予地方政府权力以监督污染严重的汽车，地方政府将有权拦截这些汽车并起诉车主。地方政府还将有权封锁空气污染严重地区的交通，对进入市中心的车辆实施检证制等。汽车排放的废气是目前英国空气污染的罪魁祸首，治理汽车废气污染已势在必行。英国环境部说，空气污染每年使3000多英国人丧生，仅用于治疗因空气污染而引起的疾病的医疗费用每年就达23亿英镑。

我国已加入联合国《气候变化框架公约》和修正后的《关于消耗臭氧层物质的蒙特利尔议定书》，并已在制定履行这些国际公约和议定书的国家行动方案。我国已颁布了《中华人民共和国大气污染防治法》。防治大气污染和保护大气层是一项长期任务。

我国的资源特点和经济发展水平决定了以煤为主的能源结构将长期存在，控制煤烟型大气污染将是我国大气污染控制的首要任务。其次，是注意和控制机动车辆的尾气排放。目前，在大气污染控制和酸雨防治方面存在的主要问题有：

几乎所有城市都存在烟尘污染问题，冬季的北方城市尤为严重。全国二氧化硫排放量逐年增长，并形成南方大面积酸雨区，已发现对森林、土壤、农作物和建筑造成危害。先进实用的控制技术仍十分缺乏，脱硫技术目前仅限于试验及示范工程，尚未大规模实际应用。中小型工业锅炉和炉窑的烟尘治理技术尚需有新的突破，适合我国国情的致酸物质实用控制技术也十分缺乏。工业化起点低，生产规模小，污染物排放量大。如大电厂中小型发电机组的发电煤耗高出发达国家约30%；大量中小型水泥厂的水泥排尘量在3.5千克/吨的水平。工业企业技术改造相当困难，过去10年全面进行技术改造的企业只占20%左右，而真正达到先进生产技术和现代管理水平的更少。历史欠账多，资金缺口大。对我国老的工业企业污染进行治理，费用至少需要2000亿元左右，筹集这样一笔资金是困难的，对于这类企业的污染治理必须走技术改造、清洁生产或产业结构和布局调整的道路。汽车工业技术水平大多停留在20世纪60年代的水平，能源消耗高，单机污染严重；产品换代周期慢，使用时间长，使得污染水平居高不下；已经颁布的排放标准实施不力，主要是缺乏资金，缺乏测试设备，管理手段也不配套。适于我国大气污染控制的宏观调控政策运行机制尚未形成；现有政策制度尚未形成完善的体系，缺乏协调，限制了政策、制度在大气污染控制管理中的作用。缺乏有效的能源价格机制和环境经济政策。

在过去的20世纪，重点城市和局部地区环境质量有所改善；城市大气总悬浮微粒基本得到控制，年日平均浓度有所下降；对大气污染物的控制，将从目前对总悬浮颗粒（75P）、二氧化硫的重点控制，扩展到控制碳氧化物、铅氮氧化物。2000年以后，开始朝全面改善环境质量的方向发展。全国城市建立环境质量监测报警制度。流动污染源控制由汽车扩大到轮船，并增加控制内容。

为了实现以上目标，需要做到：①实行有效的煤炭能源污染控制和管理措施，建立并推广实行以大气污染物总量控制为主导的大气污染物排放申报登记和许可证管理制度；从调整能源政策入手，改善能源生产结构，增大一次能源中水电、核电及太阳能比例。②逐步调整理顺能源价格，促进节能工作。发展城市煤气、天然气和石油液化气，提高城市燃气普及率；发展集中供热。③逐步调整大气污染物排放收费标准，促进企业技术改造，重点改善一批空气污染严重的城市的大气质量。

在燃煤和酸性污染物控制方面，重点开展以下领域的科学研究和技术开发：中小型燃烧锅炉高效除尘技术；二氧化硫排放的综合控制技术，包括型煤燃烧成套技术、循环流化床燃烧脱硫技术、湿式脱硫除尘技术、脱硫渣资源化技术和炉内喷钙等；各种技术的完善及其优化组合，建立示范工程，使研究成果发挥环境、节能和实现污染物资源化的综合效益；燃煤电站二氧化硫控制技术，包括大型流化床燃烧脱硫技术、旋转喷雾干燥脱硫技术、炉内喷钙技术、石灰石、石膏法脱硫技术及示范工作；致酸物质实用控制技术、氮氧化物实用控制技术；煤炭高效清洗燃烧技术及工业炉窑节能与低污染技术。

充分发挥已有的"大气污染防治咨询委员会"和"能源与环境专业委

员会"的作用,建立完善的管理咨询机构,为管理决策提供背景资料和建议。建立大气污染源排放动态档案和基础信息库,并逐步发展,逐级联网。加强全国烟尘控制区建设验收监督机制,并逐步与大气排污许可证制度接轨,为推行大气污染物总量控制的管理模式奠定基础。根据国情,争取优惠引进发达国家的污染控制技术,如二氧化硫控制技术、节能高效锅炉技术等。

在控制流动污染源方面,主要采取的措施有:制定各流动污染源的管理办法及技术政策和经济政策,发展效率高、污染较少和安全可靠的运输系统;抓好城市规划;加强对汽车制造厂的监督,其产品未获得监督部门的许可前,不允许制造销售,以促进行业产业结构调整,使汽车工业向大批量、高起点方面发展;对在用车,通过加强维修和保养,以达到在用车排放标准;建立超标排放车辆检验网点;搜集全国交通运输工具的数量及污染情况,建立数据库,分析统计数据,根据污染情况,进一步使所制定的标准科学化,以促进技术水平的提高,降低污染量,逐步建立交通运输信息交流与服务系统,优化运输体制,减少空载空耗;开展国际交流合作,掌握最新净化技术和管理方法,通过引进技术和合资生产,从根本上改善机动车的排放水平。

在酸雨的监测和控制方面,采取如下行动:制定国家关于综合防治酸雨的战略和规划,确立酸雨控制政策,加强酸雨的监测,完善监测技术和监测网络;开展酸雨影响研究,研究不同酸性污染和临界负荷;开展酸雨的生态影响及其防治方法研究,与国际合作开展我国酸雨长期监测活动和合作研究活动,引进国外控制酸雨的方法和技术,提高我国酸雨防治水平;在实施现有国家《征收工业燃煤二氧化硫排污费试点方案》的基础上,逐步全面推行二氧化硫排污收费制度;在酸雨严重地区建立酸雨控制区。

在防止臭氧耗损与控制温室气体排放方面也将做出如下努力:我国成立了中国保护臭氧层领导小组,于1992年编制了《中国消耗臭氧层物质逐步淘汰国家方案》。方案核算了1991年中国受控物质的生产量和消费量,预测了1996年、2000年和2010年的消费量,提出逐步淘汰受控物质的政策和技术路线,确立了2010年全面淘汰的方案和行动计划以及为实现此方案所需的技术援助和项目。建立我国有关消耗臭氧层物质管理法规体系，包括生产和销售许可证制度；生产和消费企业的新建、扩建和技术改造方面的控制；进口监督管理等。

## 物尽其用的无废技术

无废技术是当今世界工业革命的一股潮流。这种技术采用闭路循环的方式，使资源在生产过程中充分利用，又不排放污染物质。这也就是说，生产第一种产品后排放出来的废弃物，可作为第二种产品的原料，第二种产品生产过程中的废弃物再作为下一种产品的原料。

当今世界，资源日趋减少。发展无废技术，成了许多国家消除环境污染、节约资源、保护和改善环境的一项重要任务。许多国家都在探索建立无废工业区。十多年来，我国在发展无废技术方面也取得一些成绩。如哈尔滨兴建了一些企业，专门"吃"废弃物；黑龙江省建成的硫酸厂，利用西林铅锌矿的废渣——硫精砂作为资源。我国实施无废技术大体上有几种方式：①把不同工厂各种生产工艺进行科学的、合理的设置，形成闭合工艺。比如把硫酸厂与造纸厂组成工艺圈，硫酸厂产生的二氧化硫经氨水吸收后制得亚硫酸氢铵，可给造纸厂制浆。②发展无污染的生产工艺。如氯碱工业过去用汞触媒电解法，结果带来汞污染。现在有的工厂改为离子交换膜隔膜电解法，就杜绝了汞污染，也提高了工效。③用少水工艺、无水工艺代替用水多工艺。如印染行业的"转移印花"工艺是一种不需用水的工艺，这样就消除了印染废水对环境的污染。

"三废三废，弃之为废，用之为宝。"从某种意义上说，"三废"是一种资源。炼钢厂的钢渣，对钢厂来说是废渣，可对水泥厂来说是一种上好的原料。火力发电厂排放出来的粉煤灰，含有铅、汞、砷等有害元素，大量堆积会污染环境，但可用来生产水泥、烧结砖、粉煤灰砌块等。由此可见，实现三废资源化，可以取得环境效益和经济效益。

环境污染，从根本上来说，是资源、能源的浪费造成的。发展无废技术,实现物尽其用,资源套用,是改善环境的需要,也是经济建设的需要。这样,可以把污染消灭在生产过程中,达到保护环境、造福人类的目的。

## 我们要保护环境

地球,我们只有一个。自从出现人类以来,我们开始无止境地向地球母亲索取所需要的一切,而不思"回报"。这使人类生存的星球环境遭受严重破坏,于是地球母亲对我们不再慷慨,频频向我们发出红色警告:

酸雨问题,自20世纪70年代瑞典第一次把酸雨作为国际问题提出以来,酸雨污染日趋严重。我国1993年酸雨降水面积达280万平方千米,酸雨污染和扩大的趋势已成为全球性的问题。全球气候变暖,出现温室效应,地球气温急剧升高,不久的将来,将有可能导致两极冰雪融化,海平面上升,世界沿海30亿人口将面临海水入侵的危险。这也使某些动植物面临绝迹的危险。臭氧层耗损能改变人体免疫功能,危害人体健康。

如画的美好环境需要我们保护

### 环境与人类生活

土地荒漠化,全世界20%以上的土地(面积约3000万平方千米)正处于沙漠化的危险境地,而我国沙漠土地正以2100平方千米/年的速度扩展,大片良田变为沙漠。

化学品污染环境,据世界卫生组织统计,60%～90%的癌症是由化学因素造成的。

上述种种,多么触目惊心的数字,给人类的发展前景添上了暗淡的色彩。如果我们掉以轻心、等闲视之,长此以往我们的子孙将生活在一个灰色星球上:污染严重,动植物种类稀少,各种自然灾害严重。我们将面临毁灭地球、毁灭自身的危险。生存还是毁灭?这个困惑促人反思,令人警醒!

所以,如何保护我们赖以生存的环境,不是个人问题,而是全球全人类刻不容缓的问题,我们应该积极行动起来,从你我做起,从今天做起,从一点一滴做起。

1972年6月著名的"联合国人类环境会议"在瑞典首都斯德哥尔摩召开,与会的113个国家通过了一个保护全球环境的《行动计划》,在人类环境保护史上具有划时代的意义。而我国也于1973年召开了第一次全国环境保护会议,从此,中国环保事业进入一个崭新的发展时期。保护环境和实现可持续发展已成为我们世纪的主题。

为此,我们必须合理开发,持续性利用草地、矿产、水域、土地、森林,保护大气层,保护生物多样性,防止土地荒漠化。

建立布局合理、种类齐全、级别不同的自然保护区,控制大气污染,削减消耗臭氧层的物质,实现水资源、水质和生态系统良性循环,从根本上解决水污染问题,消灭森林"赤字",使某些湿润、半湿润地区荒漠化得到控制。我们不是生活在满目荒凉的环境里,而是生活在有清新空气、蓝天白云、明媚阳光、草木成荫、风景美如诗画的自然画卷中,一切令我们神清气爽,倍感温馨。

中国只有一个,地球只有一个,我们面对未来任重而道远,我们在创造无限的希望,为了今天生活得更加美好,也为了给子孙后代留下一个安居乐业的家园,让全人类挽起手来,保护环境,保护我们这个赖以生存的美丽而又脆弱的星球!

## 要制定保护环境规划

不知你们注意到没有,我们正处于环境危机,几乎是四面楚歌的境地。水源污染触目惊心。我国因污染而不能饮用的地表水占全部监测水体的40%,全国64%的人正在使用不合理的水源。工业污染日趋严重,"蓝蓝的天上白云飘"的景象越来越少,大气污染还造成酸雨现象。水土流失日趋严重,仅水土流失面积有367万平方千米,还以1万平方千米/年的速度迅猛发展,可以说是"半壁江山付东流"。"敕勒川、阴山下,天似穹庐、笼盖四野,天苍苍、野茫茫,风吹草低见牛羊"唱尽了塞北草原的宽阔雄浑的景色,而1000多年后的今天,由于草原大面积退化和沙化,那种一碧千里、牛羊成群的诱人景色变成"天苍苍、野茫茫,风吹草低无牛羊"的凄凉景象。我们生存的环境正日益恶化……

所以说,我们必须对将来的环境保护工作做一系列严密规划部署,为达到预期环境目标作出最佳方案,环境规划是为制订国民经济和社会发展规划、国土规划的科学依据,在环境保护和社会经济发展中起着举足轻重的作用。环境规划按区域可分为全国环境保护规划、区域环境规划、城市环境规划、工业区环境规划等;按环境要素可分为水污染、大气污染、废物处理规划和噪声控制等。

制定环境规划,已经刻不容缓。保护我们生存的环境,保护我们赖以生存的地球,当从你我做起,从今时今刻做起……

目前,保护环境已经刻不容缓,而保护环境的主要目的是提高环境质量,环境质量反映出人类生存、发展及社会经济发展的适宜程度,已经愈来愈引起全社会的关注。环境质量分为大气环境质量、水环境质量、土壤环境质量、生产环境质量等。

如何来判定环境质量的好坏呢?就是要用环境质量标准,即国家为保护人群健康或其他需要,而对环境中污染物或其他物质的容许含量所作的标准与规定。它是衡量环境是否受到污染的尺度,体现了国家的环境保护要求和政策。

它主要有水质量标准、土壤质量标准、生物质量标准、大气质量标准。当然每一大类又可按所控制对象不同分成若干小类。联合国早于1973年1月成立了环境规划署,根据理事会政策指导,提出联合国环境活动的中期和长期规划,制定活动方案。

环境是我们赖以生存的根本,既然有章可循,我们更应该保护环境——我们赖以生存的空间,从身边一点一滴小事做起。

如同美国宇航员詹姆斯·欧文所说:"我们的地球那样伟大而美丽,又是那样渺小而脆弱!……我们的地球是温暖的、有生命力的,那么,好好地照料我们的地球,珍惜我们的地球吧!"

## 要有环境标志

环境标志又称为绿色标志或生态标志,它是对产品的环境性能的一种带有公证性质的鉴定,亦即对一种产品相对于同类型的其他产品的全面的产品环境质量评价。具体地说,它是指一种印在产品或其包装上的图形,用以表明该产品的生产、使用及处理过程符合环境保护要求,对环境无害或危害极小,有利于资源的再生利用。

环境标志,作为市场营销环节的一种环境管理措施,最近几年世界上已有不少国家相继实行。随着人们环保意识的加强,越来越多的消费者能够接受环境标志制度。据调查表明,40%的欧洲人喜欢购买带有环境标志的产品。

通常情况下环境标志可分为2类:一类称之为环境营销标志,这种标志大部分是由制造商、百货商店、连锁零售店自行设计使用的,贴上这种标志的产品具有特定的环境品质和质量。在某些情况下,为了给予消费者更高的信任度,保证消费者获得更准确的环境信息,该标志还标明是由某个研究标志机构所认定。另一种通常称之为生态标签,即是一般意义上的环境标志。它一般由政府资助的标志机构和私人独立的标志机构所颁发。产品的生产商到该机构所认定的有关产品标准，才能获取生态标签；或供应商必须经过申请，经检验达到该机构所认定的有关产品标准，才能获取生态标签。这种环境标志，与环境营销标志最大的区别在于它是由生态标签机构通过认定向制造商或供应商颁发的，而不是制造商自行设计的。

环境标志一般由产品的生产者自愿提出申请，由权威机关（政府部门、非政府组织或公众团体）授予。标志受法律保护，但申请与否法律并未规定，它具有指导性而不是强制性。它也不是一种奖惩措施，而是一种软的市场手段，为产品生产者提供一个在市场上有竞争优势的资格。环境标志授予的对象是产品本身，而不是该产品的生产厂家。

## 别让濒危生物死在你手里

生物多样性是指：①生态系统多样性，如森林、草原、湿地、农田等；②物种多样性，即自然界有上千万种生物，是丰富多彩的；③遗传多样性，即基因多样性，是指在同一种类中，又有不同的个体或品种，我国是最早的国际生物多样性公约缔约国之一。

**不猎捕和饲养野生动物——保护有脆弱的生物链**

我国已建立400多处珍稀植物迁地保护繁育基地、100多处植物园及近800个自然保护区。我国于1988年发布《国家重点保护野生动物名录》，列入陆生野生动物300多种，其中国家一级保护野生动物有大熊猫、金丝猴、长臂猿、丹顶鹤等约90种；国家二级保护野生动物有小熊猫、穿山甲、黑熊、天鹅、鹦鹉230种。

**制止偷猎和买卖野生动物的行为——行使你神圣的权利**

《中华人民共和国野生动物保护法》规定：禁止出售、收购国家重点保护野生动物或者产品。商业部规定，禁止收购和以任何形式买卖国家重点保护动物及其产品（包括死体、毛皮、羽毛、内脏、血、骨、肉、角、卵、精液、胚胎、标本、药用部分等）。我国也是《濒危野生动植物种国际贸易公约》和成员国之一。

### 做动物的朋友——善待生命，与万物共存

为挽救野生动物和生存，一些人捐钱"认养"自然保护区中的指定动物，并像看望亲属一样去定期看望它们。北京部分大学生假期到云南动员当地人保护原始森林和栖息于那里的珍稀动物滇金丝猴。很多人常去濒危动物保护中心，吊唁已灭绝的野生动物。在美国，一些孩子像对待朋友一样给动物园的动物过生日。一位世界著名歌手在上海举办了一次特殊的音乐会，听众是海里那些濒临灭绝的鲸。

### 不买珍稀木材用具——别摧毁热带雨林

资料表明，大约1万年以前地球有62亿公顷的森林，覆盖着近1/2的陆地，而现在只剩28亿公顷了。全球的热带雨林正以1700万公顷/年的速度减少着，等于每分钟失去一块足球场大小的森林。照此下去，用不了多少年，世界热带森林资源就可能被全部毁坏殆尽。

### 植树护林——与荒漠化抗争

森林的消失意味着大面积的水土流失、荒漠化的加速。目前全球有100多个国家、9亿人口和25%的陆地受到荒漠化威胁，每年因荒漠化造成的直接经济损失达400多亿美元。我国受荒漠化影响的地区超过国土总面积的1/3，生活在荒漠地区和受荒漠影响的人口近4亿，每年因荒漠化危害造成的经济损失高达540亿元以上。

### 领养树——做绿林卫士

印度加尔各答农业大学德斯教授对一棵树的生态价值进行了计算：一棵50年树龄的树，产生氧气的价值约31200美元；吸收有毒气体、防止大气污染价值约62500美元；增加土壤肥力价值约31200美元；涵养水源价值37500美元；为鸟类及其他动物提供繁衍场所价值31250美元；产生蛋白质价值2500美元。除去花、果实和木材价值，总计创值约196000美元。

◆◆◆◆环境污染治理

**做环保志愿者——拯救地球，匹夫有责**

做一个环境志愿者已成为一种国际性朝流。据报道，美国18岁以上的公民中有49%的人做过义务工作，每人平均每周义务工作4.2小时，相当于2000亿美元的价值。在日本及欧洲各国，做环保志愿者也是公民普遍的常规行动。在我国，做环保志愿者日益成为风尚。各地公民自愿去内蒙古恩格贝沙漠植树；深圳市民自发到长江源头建自然保护站；北京大学生周末去社区进行垃圾分类宣传；西安有"妈妈环保志愿者活动日"；吉林志愿者多次组织大规模环保公益活动……这些行动影响着更多的人，环保志愿者的队伍正在不断扩大。

# 合理开发利用自然资源

合理开发利用自然资源，是环境保护的重要措施之一。

自然资源可分为三大类：①生态资源（恒定资源），如光、热、水、风力、潮汐等；②生物资源（可再生资源或可更新资源），如动物、植物、微生物、土壤等；③矿产资源（不可再生资源或不可更新资源），如天然气、煤炭、石油等。

自然资源是人类生产和生活资料的基本来源，是社会文明发展的前提和基础。如果资源退化了、枯竭了，就要阻碍生产的发展。采矿工业如果实行盲目开采，就会带来矿产资源枯竭。一个人不能离开水、空气、阳光、土地等等，这些资源一旦缺少，就会给人类的生存和发展带来威胁。

我国自然资源虽然总量较多，但人均占有量少。如矿产资源潜在价值居世界第三位，可是每人的占有量却低于很多国家。又如水资源，每人平均仅2700立方米，大大低于世界每人平均11000立方米的占有量。再如有林地，人均只有1.7亩，而世界人均占有林地面积是15.5亩。

开发利用自然资源，势必要影响和改变环境；同时，我国保护生态环境的能力较低，又影响了自然资源的开发利用。例如，人类对土地资源的开发利用，如果不符合当地的生态环境特点，生态平衡就会遭到破坏，出现严重的自然灾害。

　　对资源的合理开发利用，就是对环境的最好保护。对此，人们必须树立正确的观点，认识到自然资源的有限性。就某一种资源来说，在一定条件和一定时期内，并不是取之不尽、用之不竭的，所以，珍惜各种自然资源，是全人类的责任。

◆ ◆ ◆ 环保法规与行动

# 环保法规与行动

## 环境保护

环境保护（简称环保）是由于工业发展导致环境污染问题过于严重，首先引起工业化国家的重视而产生的，利用国家法律法规和舆论宣传而使全社会重视和处理污染问题。

1962年美国生物学家蕾切尔·卡逊出版了一本名为《寂静的春天》的书，书中阐释了农药杀虫剂滴滴涕（DDT）对环境的污染和破坏作用。由于该书的警示，美国政府开始对剧毒杀虫剂问题进行调查，并于1970年成立了环境保护局，各州也相继通过禁止生产和使用剧毒杀虫剂的法律。该书被认为是20世纪环境生态学的标志性起点。

1972年6月5日至16日由联合国发起，在瑞典斯德哥尔摩召开"第一届联合国人类环境会议"，提出了著名的《人类环境宣言》，是环境保护事业正式引起世界各国政府重视的开端。我国政府也参加了这个会议。

中华人民共和国的环境保护事业也是从1972年开始起步，北京市成立了官厅水库保护办公室，河北省成立了三废处理办公室，共同研究处理位于官厅水库畔属于河北省的沙城农药厂污染官厅水库问题，导致中国颁布法律正式规定在全国范围内禁止生产和使用滴滴涕。1973年成立国家建委下设的环境保护办公室，后来改为有国务院直属的部级国家环境保护总局。

各省（市、区）也相继成立了环境保护局（厅）。并设立环保举报热线中心接受群众举报环境污染事件。

政府的环境保护部门主要职责是执行各级人民代表大会制定的控制污染物排放政策，鼓励开发污染物排放控制技术以控制污染，保护和改善环境。

## 公民环保行动

### 节水为荣

我国是世界上12个贫水国家之一，淡水资源还不到世界人均水量的1/4。全国600多个城市半数以上缺水，其中108个城市严重缺水。地表水资源的稀缺造成对地下水的过量的开采。20世纪50年代，北京的水井在地表下约5米处就能打出水来，现北京4万口井平均深达49米，地下水资源已近枯竭。

### 保护水源就是爱护生命

据环境监测，全国每天约有1亿吨污水直接排入水体。全国七大水系中一半以上河段水质受到污染。35个重点湖泊中，有17个被严重污染，全国1/3的水体不适于灌溉。90%以上的城市水域污染严重，50%以上城镇的水源不符合饮用水标准，40%的水源已不能饮用，南方城市总缺水量的60%~70%是由于水源污染造成的。

我国的节水标志

### 一水多用

地球表面的 70% 是被水覆盖着的,约有 14 亿千立方米的水量,其中有 96.5% 是海水。剩下的虽是淡水,但其中 1/2 以上是冰,江河湖泊等可直接利用的水资源仅占整个水量的 0.003% 左右。

### 慎用清洁剂

大多数洗涤剂都是化学产品,洗涤剂含量大的废水大量排放到江河里,会使水质恶化。长期不当地使用清洁剂,会损伤人的中枢系统,使人的智力发育受阻,思维能力、分析能力降低,严重的还会出现精神障碍。清洁剂残留在衣服上,会刺激皮肤发生过敏性皮炎,长期使用浓度较高的清洁剂,清洁剂中的致癌物就会从皮肤、口腔处进入人体内,损害健康。

### 别忘了你时刻都在呼吸

全球大气监测网的监测结果表明,北京、沈阳、西安、上海、广州这 5 座城市的大气中总悬浮颗粒物日均浓度分别在每立方米 200~500 微克,超过世界卫生组织标准 3~9 倍,被列入世界十大污染城市之中。

### 省一度电,少一分污染

我国是以火力发电为主、煤为主要能源的国家。煤在一次性能源结构中占 70% 以上。如按常规方式发展,要达到发达国家的水平,至少需要 100 亿吨煤当量的能源消耗,这将相当于全球能源消耗的总和。煤炭燃烧时会释放出大量的有害气体,严重污染大气,并形成酸雨和造成温室效应。

### 节用电器

大量的煤、天然气和石油燃料被用在工业、商业、住房和交通上。这些燃料燃烧时产生的过量二氧化碳就像玻璃罩一样,阻断地面热量向外层空间散发,将热气滞留在大气中,形成"温室效应","温室效应"使全球气象变异,产生灾难性干旱和洪涝,并使南北极冰山融化,导致海平面上升。科学家们估计，如果气候变暖的趋势继续下去，海拔较低的孟加拉、荷兰、埃及、中国低洼三角洲等地及若干岛屿国家将面临被海水吞没的危险。

### 降低能源消耗

煤炭等燃料在燃烧时以气体形式排出碳和氮的氧化物，这些氧化物与空气中的水蒸气结合后形成高腐蚀性的硫酸和硝酸，又与雨、雪、雾一起回落到地面，这就是被称做"空中死神"的酸雨。全球已有三大酸雨区：美国和加拿大地区、北欧地区和中国南方地区。酸雨不仅能强烈地腐蚀建筑物，还使土壤酸化，导致树木枯死，农作物减产，湖泊水质变酸，鱼虾死亡。我国因大量使用煤炭燃料，每年由于酸雨污染造成的经济损失达200亿元左右。我国酸雨区的降水酸度仍在升高，面积仍在扩大。

### 人人都用节能灯

"中国绿色照明工程"是我国节能重点之一。全国将推广节能高效照明灯具。这样可节省相应的电厂燃煤，减少二氧化硫、氮氧化物、粉尘、灰渣及二氧化碳的排放。

### 利用可再生资源

人类目前使用的能源90%是石油、天然气和煤。这些燃料的形成过程需要亿万年，是不可再生的资源。太阳能、风能、潮汐能、地热能则是可再生的，被称为可再生能源。人们把那些不污染环境的能源称为"清洁能源"。

### 以乘坐公共交通车为荣

我国首都北京有近120万辆机动车，仅为东京和纽约等城市机动车拥有量的1/6。但是每辆车排放的污染物浓度却比国外同类机动车高3~10倍。北京大气中有73%的碳氢化合物、63%的一氧化碳、37%的氮氧化物来自于机动车的排放污染。因此，提倡市民外出乘公交车。

### 保护大气，始于足下

在欧洲，很多人为了减少因驾车带来的空气污染而愿意骑自行车上班，这样的人被视为环保卫士而受到尊敬。美国的报纸经常动员人们去超级市场购物时尽量多买一些必需品，减少去超市的次数，以便节省汽油，同时减少空气污染。颇有影响的美国自行车协会一直呼吁政府在建公路时修自行车道。在德国，很多家庭喜欢和近邻用同一辆轿车外出，以减少汽车尾气的排放。为洁净城市空气，伊朗首都德黑兰规定了"无私车日"。在这一天，伊朗总统也和市民一道乘公共汽车上班。在我国上海，一些公司职员经常合乘一辆出租车，名曰"拼打"。

### 减少尾气排放

《中华人民共和国大气污染防治法》规定：机动车船向大气排放污染物不得超过规定的排放标准，对超过规定的排放标准的机动车船，应当采取治理措施，污染物排放超过国家规定的排放标准的汽车，不得制造、销售或者进口。

### 用无铅汽油

使用含铅汽油的汽车会通过尾气排放出铅。这些铅粒随呼吸进入人体后，会伤害人的神经系统，还会积存在人的骨骼中；如落在土壤或河流中，会被各种动植物吸收而进入人类的食物链。铅在人体中积蓄到一定程度，会使人得贫血、肝炎、肺炎、肺气肿、心绞痛、神经衰弱等多种疾病。

### 珍惜纸张

纸张需求量的猛增是木材消费增长的原因之一，全国年造纸消耗木材1000万立方米，进口木浆130多万吨，进口纸张400多万吨，这要砍伐多少树木啊！纸张的大量消费不仅造成森林毁坏，而且因生产纸浆排放污水使江河湖泊受到严重污染（造纸行业所造成的污染占整个水域污染的30%以上）。

### 使用再生纸

我国的森林覆盖率只有世界平均值的1/4。据统计，我国森林在10年间锐减了23%，可伐蓄积量减少了50%，云南西双版纳的天然森林，自20世纪50年代以来，以约1.6万公顷/年的速度消失着。当时55%的原始森林覆盖面积现已减少了1/2。

### 减卡救树

礼节繁多的日本人近年来也在改变大量赠送贺年卡的习惯。一些大公司登广告声明不再以邮寄贺年卡表示问候。我国的大学生组织了"减卡救树"的活动，提倡把买贺卡的钱省下来种树，保护大自然。

### 粮食警戒线

我国有1.3亿多公顷耕地，占世界耕地的7%。人均耕地不及世界人均值的47%，东部600多个县（区）人均耕地低于联合国粮农组织确定的0.05公顷的警戒线。

### 控制噪声污染

噪声会干扰居民的正常生活，也会对人的听力造成损害。噪声对人的神经系统和心血管系统等有明显影响。长期接触噪声的人，会产生头痛、脑胀、心慌、记忆力衰退和乏力等症状。低频噪声使人胸闷、恶心。噪声还会影响人的消化系统，可以导致冠心病和动脉硬化。

### 维护安宁环境

德国规定，在室内使用音响设备时，音量以室内能听清为标准。美国法律规定在学校中设置有关噪声的课程。英国规定，广告宣传、娱乐和商业活动不得使用音响设备，夜间不得在公共场所使用音响设备。日本规定要控制餐饮业夜间作业产生的噪声和使用音响设备进行宣传产生的噪声为限；车辆不得产生影响他人的、不必要的噪声，禁止汽车不必要的空转。

◆ ◆ ◆ 环保法规与行动

### 认"环境标志"

已被中国绿色标志认证委员会认证的环保产品有低氟家用制冷器具、无氟发用摩丝和定型发胶、无铅汽油、无镉汞铅充电电池、无磷织物洗涤剂、低噪声洗衣机、节能荧光灯等。这些环境标志产品上贴有"中国环境标志"的标记。该标志图形的中心结构是青山、绿水、太阳，表示人类赖以生存的环境。外围的10个环表示公众共同参与保护环境。

### 用无氟制品

臭氧层能吸收紫外线，保护人和动植物免受伤害。氟里昂中的氯原子对臭氧层有极大的破坏作用，它能分解吸收紫外线的臭氧，使臭氧层变薄。强烈的紫外线照射会损害人和动物的免疫功能，诱发皮肤癌和白内障，会破坏地球上的生态系统。1994年，人们在南极观测到了至今为止最大的臭氧层空洞，它的面积有2400平方千米。据有关资料表明，位于南极臭氧层边缘的智利南部已经出现了农作物受损和牧场的动物失明的情况。北极上空的臭氧层也在变薄。目前，最早使用CFC（氟里昂是CFC物质中的一类）的24个发达国家已签署了限制使用CFC的《蒙特利尔议定书》，1990年的修订案将发达国家禁止使用CFC的时间定位在2000年。1993年2月，中国政府批准了《中国消耗臭氧层物质逐步淘汰方案》，确定在2010年完全淘汰消耗臭氧层物质。

### 选无磷洗衣粉

我国生产的洗衣粉大都含磷。我国年产洗衣粉200万吨，按平均15%的含磷量计算，每年就有7万多吨的磷排放到地表水中，给河流湖泊带来很大的影响。据调查，滇池、洱海、玄武湖的总含磷水平都相当高，昆明的生活污水中洗衣粉带入的磷超过磷负荷总量的50%。大量的含磷污水进入水体后，会引起水中藻类疯长，使水体发生富营养化，水中含氧量下降，水中生物因缺氧而死亡。水体也由此成为死水、臭水。

### 买环保电池

我们日常使用的电池是靠化学作用,通俗地讲就是靠腐蚀作用产生电能的,而其腐蚀物中含有大量的重金属污染物——镉、汞、锰等。当其被废弃在自然界时,这些有毒物质便慢慢从电池中溢出,进入土壤或水源,再通过农作物进入人的食物链。这些有毒物质在人体内会长期积蓄难以排除,损害神经系统、造血功能、肾脏和骨骼,有的还能够致癌。电池可以说是生产多少,废弃多少;集中生产,分散污染;短时使用,长期污染。

### 选绿色包装

北京年产垃圾430万吨,日产垃圾1.2万吨,人均每天扔出垃圾约1千克,相当于每年堆起2座景山。我国目前垃圾的产生量是1989年的4倍,其中很大一部分是过度包装造成的。不少商品特别是化妆品、保健品的包装费用已占到成本的30%~50%。过度包装不仅造成了巨大的浪费,也加重了消费者的经济负担,同时还增加了垃圾量,污染了环境。

### 认绿色食品

目前,全国有绿色食品生产企业300多家,按照绿色食品标准开发生产的绿色食品达700多种,产品涉及饮料、酒类、果品、乳制品、谷类、养殖类等各个食品门类。其他一些绿色食品,如全麦面包、新鲜的五谷杂粮、豆类、菇类等也是对人体健康很有益处的。

### 少用塑料袋

那些"用了就扔"的塑料袋不仅造成了资源的巨大浪费,而且使垃圾量剧增。我国每年塑料废弃量为100多万吨,

**生态环境**

◆◆◆ 环保法规与行动

北京市如果按平均每人每天消费一个塑料袋计算，每个袋重4克，每天就要扔掉4.4克聚乙烯膜，仅原料就扔掉近4万元。如果把这些塑料铺开的话，每人每年弃置的塑料薄膜面积达240平方米，北京1000万人每年弃置的塑料袋是市区建筑面积的2倍。

**自备购物袋**

在德国，不少超市里的塑料袋不是免费提供的，这是为了减少塑料袋的使用。很多德国人买东西时，习惯提着布兜子，或直接将货物装到车上，不用塑料袋。一些家庭主妇为了少用塑料袋而挎着硕大的藤篮上街购物。德国的旅馆也不提供一次性的牙刷、牙膏、梳子、拖鞋。饭店里都使用不锈钢刀叉，高温消毒后再重复使用。

**重复使用**

环境保护浪潮使生产一次性产品的行业正在走下坡路，很多国家在开发生产可降解塑料，使其在使用过后能够在自然界中降解；有的国家已淘汰塑料包装，而用特种纸包装代替。很多国家提倡包装物的重复使用和再生处理。丹麦、德国规定，装饮料的玻璃瓶使用后经过消毒处理可多次重复使用；瑞典一家最大的乳制品厂推出一种可以重复使用75次的玻璃奶瓶；一些发达国家把制造木杆铅笔视为"夕阳工业"，开始生产自动铅笔。

**少用一次性筷子**

一次性筷子是日本人发明的，日本的森林覆盖率高达65%，但他们却不砍伐自己国土上的树木来做一次性筷子，全靠进口。我国的森林覆盖率不到14%，却是出口一次性筷子的大国。我国北方每年生产向日本和韩国出口的一次性木筷子，要减少森林蓄积200万立方米。

**旧物巧利用**

全球性和生态危机使人们不得不考虑放弃"牧童经济"，而接受"宇宙飞船经济"观念。前者把自然界当作随意放牧、随意扔弃废物的场所；后者则非常珍惜有限的空间和资源，就像宇宙飞船上的生活一样，周而复始，循环不已地利用各种物质。

### 回收废塑料

不少废塑料可以还原为再生塑料，而所有的废塑料——废餐盒、食品袋、编织袋、软包装盒等都可以回炼为燃油。1吨废塑料至少能回炼600千克汽油和柴油，难怪有人称回收旧塑料为开发"第二油田"。

### 回收废纸

回收1吨废纸能生产好纸800千克，可以少砍17棵大树，节省3立方米的垃圾填埋场空间，还可以节约一半以上的造纸能源，减少35%的水污染，每张纸至少可以回收两次。办公用纸、旧信封信纸、笔记本、书籍、报纸、广告宣传纸、货物包装纸、纸箱纸盒、纸餐具等在第一次回收后，可再造纸印制成书籍、稿纸、名片、便条纸等。第二次回收后，还可制成卫生纸。

### 回收各种废弃物

北京的生活垃圾中，每天约有180吨废金属可回收。铝制易拉罐再制铝，比用铝土提取铝少消耗71%的能量，减少95%的空气污染；废玻璃再造玻璃，不仅可节约石英砂、纯碱、长石粉、煤炭，还可节电，减少大约32%的能量消耗，减少20%的空气污染和50%的水污染。回收一个玻璃瓶节省的能量，可使灯泡发亮4小时。

### 推动垃圾分类回收

"Recycle"（回收再生）是世界性的潮流和时尚，分类垃圾箱在许多国家随处可见，回收成为妇孺皆知的常识。欧盟各国自1990年以来为推行"零污染"的经济计划努力：德国开始实施循环经济和垃圾法，旨在要从"丢弃社会"变成"无垃圾社会"；奥地利制订法规，要求废物回收率达到80%；法国要求回收75%的包装物，规定只有不能再处理的废物才允许填埋；瑞典的新法规要求生产者对其产品和包装物形成的废物负有回收的责任。美国一些州政府从1987年开始制定了垃圾分类回收的地方法规。

### 拒食野生动物

在恐龙时代，平均每1000年才有一种动物绝种；20世纪以前，地球上大约每4年有一种动物绝种；现在每年约有4万种生物绝迹。近150年来，鸟类灭绝了80种；近50年来，兽类灭绝了近40种。近100年来，物种灭绝的速度超出其自然灭绝率的1000倍，而且这种速度仍有增无减。

# 环保纪念日

### 国际湿地日

2月2日为国际湿地日。根据1971年在伊朗拉姆萨尔签定的《关于特别是作为水禽栖息地的国际重要湿地公约》，湿地是指"长久或暂时性沼泽地、泥炭地或水域地带，带有静止或流动，或为淡水、半咸水、咸水体，包括低潮时不超过6米的水域"。湿地对于保护生物多样性，特别是禽类的生息和迁徙有重要的作用。

### 世界水日

1993年1月18日，第四十七届联合国大会作出决议，确定每年的3月22日为"世界水日"。决议提请各国政府根据各自的国情，在这一天开展一些具体的活动，以提高公众意识。从1994年开始，我国政府把"中国水周"的时间改为每年的3月22~28日，使宣传活动更加突出"世界水日"的主题。

### 世界气象日

1960年，世界气象组织把3月23日定为"世界气象日"，以提高公众对气象问题的关注。

### 地球日

1969年美国威斯康星州参议员盖洛德纳尔逊提议，在美国各大学校园内举办环保问题的讲演会。不久，美国哈佛大学法学院的学生丹尼斯海斯将纳尔逊的提议扩展为在全美举办大规模的社区环保活动，并选定1970年4月22日为第一个"地球日"。当天，美国有2000多万人，包括国会议员、各阶层人士，参加了这次规模盛大的环保活动。在全国各地，人们高呼着保护环境的口号，在街头和校园游行、集会、演讲和宣传。随后影响日渐扩大并超出美国国界，得到了世界许多国家的积极响应，最终形成为世界性的环境保护运动。4月22日也日渐成为全球性的"地球日"。每年的这一天，世界各地都要开展形式多样的群众环保活动。

### 世界无烟日

1987年世界卫生组织把5月31日定为"世界无烟日"，以提醒人们重视香烟对人类健康的危害。

### 世界环境日

20世纪六七十年代，随着各国环境保护运动的深入，环境问题已成为重大社会问题，一些跨越国界的环境问题频繁出现，环境问题和环境保护逐步进入国际社会生活。1972年6月5～16日，联合国在斯德哥尔摩召开人类环境会议，来自113个国家的政府代表和民间人士就世界当代环境问题以及保护全球环境战略等问题进行了研讨，制定了《联合国人类环境会议宣言》和109条建议的保护全球环境的"行动计划"，提出了7个共同观点和26项共同原则，以鼓舞和指导世界各国人民保持和改善人类环境，并建议将此次大会的开幕日定为"世界环境日"。1972年10月，第27届联合国大会通过决议，将6月5日定为"世界环境日"。联合国根据当年的世界主要环境问题及环境热点，有针对性地制定每年的"世界环境日"的主题。联合国系统和各国政府每年都在这一天开展各种活动，宣传保护和改善人类环境的重要性，联合国环境规划署同时发表《环境现状的年度报告书》，召开表彰"全球500佳"国际会议。

### 世界防治荒漠化和干旱日

由于日益严重的全球荒漠化问题不断威胁着人类的生存，从1995年起，每年的6月17日被定为"世界防治荒漠化和干旱日"。

### 世界人口日

1987年7月11日，以一个南斯拉夫婴儿的诞生为标志，世界人口突破50亿。1990年，联合国把每年的7月11日定为"世界人口日"。

### 国际保护臭氧层日

1987年9月16日，46个国家在加拿大蒙特利尔签署了《关于消耗臭氧层物质的蒙特利尔议定书》，开始采取保护臭氧层的具体行动。联合国设立这一纪念日旨在唤起人们保护臭氧层的意识，并采取协调一致的行动以保护地球环境和人类的健康。

### 世界动物日

意大利传教士圣·弗朗西斯曾在100多年前倡导在10月4日"向献爱心给人类的动物们致谢"。为了纪念他，人们把10月4日定为"世界动物日"。

### 世界粮食日

全世界的粮食正随着人口的飞速增长而变得越来越供不应求。从1981年起，每年的10月16日被定为"世界粮食日"。

### 国际生物多样性日

《生物多样性公约》于1993年12月29日正式生效。为纪念这一有意义的日子，联合国大会通过决议，从1995年起每年的12月29日为"国际生物多样性日"。2001年5月17日，根据第55届联合国大会第201号决议，国际生物多样性日改为每年5月22日。

## 环保的法律

1979年我国通过了第一部环境保护法律——《中华人民共和国环境保护法（试行）》。改革开放以来，我国逐步形成了环境保护法律体系。1973年我国的第一个环境标准——《工业"三废"排放试行标准》诞生。截至1998年底，中国历年来共发布国家环境标准412项，现行的有361项，其中环境质量标准10项、污染物排放标准80项、环境监测方法标准230项、环境标准样品标准29项、环境基础标准12项，历年共发布国家环境保护总局标准（即环境行业标准）34项。与此同时，到1998年，中国共颁布了环境保护法律6部、与环境相关的资源法律9部，环境保护行政法规34件、环境保护部门规章90多件、环境保护地方性法规和地方政府规章900余件、环境保护军事法规6件，缔结和参加了国际环境公约37项，初步形成了具有中国特色的环境保护法律体系，成为我国社会主义法律体系中的一个重要组成部分。尤其是，为适应经济发展和环境保护的客观需要，1995年和1996年，全国人民代表大会常务委员会分别通过了关于修订《大气污染防治法》和《水污染防治法》的决定。1997年3月，修订后的《中华人民共和国刑法》增加了有关破坏环境资源保护罪的规定。我国环境保护法的基本原则是：经济建设与环境保护协调发展；预防为主、防治结合；污染者付费；政府对环境质量负责；依靠群众保护环境。2002年10月，《中华人民共和国环境影响评价法》颁布，为项目的决策、项目的选址、产品方向、建设计划和规模以及建成后的环境监测和管理提供了科学依据。

## 环境科学

20世纪50年代，许多环境问题成为全球性的重大问题。解决这些问题，必须有自然科学、技术科学和社会科学这三大科学领域的许多学科的学者、专家共同参与，由此形成了许多分支学科。正是在这些分支学科的基础上，到20世纪60年代末70年代初，才孕育、产生并最终形成了环境科学。可以说，环境科学是处在社会科学、自然科学和技术科学这三大科学领域交叉带的综合性边缘科学。

环境科学的主要任务是：①探求全球范围内环境演化的规律；②揭示人类活动同自然生态的关系；③探索环境变化对人类生存的影响；④防治环境污染。

环境科学是一个体系庞大、综合性很强的边缘科学，因此它的分支学科比较繁多。环境科学既要研究宏观性的问题，如人类同环境间的相互作用、相互制约的对立统一关系，又要研究微观性的物质，如环境中的物质运动及相互转化的规律；既要研究基本理论问题，更要研究解决环境问题的应用性问题。

所以，环境科学下面分为基础环境学及应用环境学两大类。在每个大类下面，又各有4个分支学科。而在这两大类之间，又形成了环境医学这样一个特殊的分支学科。

环境科学自从形成以来，就在探讨和研究人类面临的重大环境问题方面显示了它的重要作用。同时，它也在研究和解决这些问题的过程中，促进了自身体系的逐步发展和深化。

# 树立环保意识

我们不能否认的是，环境问题在很大程度上是人为造成的。既然有人为的原因，就不可避免地涉及意识问题，缺乏环保意识，是造成环境问题的根本原因所在。

举世闻名的阿尔卑斯山早在1787年就被登山者征服，是一个近百年来爬山滑雪者不断的旅游胜地，但在登山沿路和山顶看不见一张丢弃的餐巾纸和一个空酒瓶。美国的国家公园有一句口号：除了脚印，什么也不留。

一句话，表现出强烈的环境保护意识。

美国南卡州一本宣传小册子上这样写道："没有您的合作，我们的环保工作将一事无成。南卡州的自然资源和生态环境正同您所拥有的财产一样，值得精心照料，当您从事户外体育活动、娱乐活动和野外考察时，请遵守两套规则：一套是环境保护的法律规定，另一套是环境意识的道德准则。在无人监督的情况下，后一套规则的履行，取决于您的自觉行动和自我良知。"接着进一步阐述了这些规则的方方面面：

"……野生动物生存的栖息地，要靠您的帮助和监护。"在校园的人工湖畔你会看到这样的景象：数十只野鸭在湖面上互相追逐，欢声不断。后勤工人剪草坪遇到鸭蛋时，会小心翼翼地避开，以使小鸭能及早地孵化出来。就这样，鸭子靠吃青草和湖中的鱼虾，年复一年地繁衍后代，从没有人试图将它们变成餐桌上的美餐。

"……当您野营结束、拆下篷时，请不要随地扔东西。因为研究表明，铝制易拉罐可在野外存留 200～500 年不变；塑料衣架可存留 450 年；而玻璃瓶则可存留 400 年以上。请您将这些东西丢到可回收的垃圾箱里"；人们自觉地遵守这些规定，在旅游景点，虽然络绎不绝的游客边走边吃零食、喝饮料，但草坪上却没发现任何丢弃物，甚至没有纸屑。在路口和其他游人驻足的地方排放着几个塑料大桶，游人可按金属、玻璃、纸张分类把丢弃物丢入桶内。这既培养了人们的良好习惯，又便于垃圾回收。

"……当您划船、冲浪或游泳时，请务必处理好要处理的废品。因为这与南卡州水资源的质量和未来有关。""当您在南卡洲的江河湖溪海里垂钓时，要记住捕—放的原则。"什么是捕—放原则？原来在南卡州，当人们捕到不够规定重量的鱼时，要自觉地放回水中。如果人们钓鱼不是为了享用，那么即便钓到足够重量的鱼，也应放回水中，以利于水生生物物种的延续。

在西方发达国家，公众的环境意识较强。他们与野生动物为友，以保护水资源为荣，以土壤为宝，以森林为贵，遵纪守法观念强，注重道德的培养，把保护生态环境看成自己的神圣使命。越来越多的人抛弃了消费主义的生活方式，而宁愿过简朴的生活，因此，出现了"绿色消费"潮流。人们宁愿多花钱也喜欢购买与保护环境有关的产品，所以绿色食品、生态时装、绿色汽车和冰箱等受到消费者青睐而走俏市场，甚至出现了生态住宅、生态旅游、生态银行。公众的日常生活与环境质量息息相关，人类要与自然和谐相处的认识正深入到每一个家庭。环境意识的产生是人类的一次伟大的觉醒。

那么到底什么是环境意识？"它是人与自然环境关系所反映的社会思想、理论、情感、意志知觉等观念形态的总和。它反映了人与自然环境和谐发展的一种新的价值观。"它是人类思想的先进观念。另一方面环境意识又不仅仅是单纯的意识问题，同经济的发展和人民生活密切相关。随着经济发展，环境意识有一个由浅层向深层发展的过程。在经济腾飞的初期，人们开始认识到污染的严重后果，但关注的仅是小范围的环境污染，如河流、农田、湖泊和城市里的大气、水质、土壤污染，并且认为污染是不可避免的。这实际上就是"先污染后治理"的观念，是浅层的环境意识。而深层的环境意识则认为要采取可持续发展的途径，把生产与环境保护作为统一的过程看待，在统一的循环中实现经济发展与环境保护的结合。

与西方发达国家相比，我国公众的环境意识水平不高，在一定意义上看，是我国经济水平不高的一种表现。目前，我们已逐步解决了温饱问题，实现了第一个经济翻番的目标，人民群众生活质量大幅度改善，要求维护自身环境权益的愿望也越来越普遍。国家环保局与铁道部曾共同举办了一次"清除铁路沿线白色垃圾"活动，历时一个月，清扫铁路线6845.6千米，清除垃圾124608吨，参加职工956941人次，产生了巨大的社会影响。环境意识不可能自发或自动地产生，要靠教育，采用适当措施，通过潜移默化的形式，使之成为一项卓有成效的工作，使在地球上生活的每一个人都能用自己的行动自觉地保护生态环境不受污染和破坏。环保意识的教育应该深入到生活中的每时每刻。

尽管现实形势是严峻的，但如果我们每个人都能树立起环保意识，并为之付出自己的努力，相信昔日的蓝天、白云终有一天会再回到我们身边。

环境与人类生活

## 环境保护法的演化

《秦律·田律》规定:"春二月,毋敢伐材木山林及雍堤水。不夏月,毋敢夜为灰,取生荔,……毒鱼鳖,置阱罔,到七月而纵之。"意思是说,在春天不准到山林里砍伐林木,不准堵塞水道;不到夏季不准烧草做肥料,不准采集刚发芽的植物,不准捕捉幼兽、鸟卵和幼鸟,不准毒杀鱼鳖,设置陷阱,到7月份才解除禁令。更早些时候,西周颁布过"毋坏屋、毋填井、毋伐树木、毋动六畜。有不如令者,死无赦"的《伐崇令》。这些显然是中国古代保护森林、水源、幼小动物、水产资源的法律,聪慧的先人已萌生了用法律保护自然环境的念头。古巴比伦的汉谟拉比尔法典不但规定了对牧场、林木的保护,还规定禁止鞋匠住在城内,以免污染水源和空气。1306年英国议会通过国王颁布禁令,不准伦敦的工匠和制造商在国会开会期间用"海煤"取暖,否则处以巨额罚款,拆毁炉子,甚至个别处以极刑。这些都是环境立法的可贵萌芽。

时至今日,法律法规已成为保护国家野生动、植物资源的重要武器。盗伐、滥伐林木,捕杀或贩卖珍稀、濒危野生动物都将受到法律的严厉制裁。

在人类社会早期,环境问题主要是农业生产活动对自然环境的破坏,由于生产活动简单,对环境自净能力和生态系统良性循环冲击不大,所以古代只有一些零星的单项的环境保护法规。第二次工业革命带来了社会生产力的空前发展,资源被大量开发、耗费,人类活动对环境的污染和对生态环境的破坏的问题越来越受到人们的重视。从19世纪中期起,一些资本主义国家陆续制定了防治污染的法规。不过环境法迅速发展是从20世纪50~60年代开始,由于环境污染、自然资源和生态平衡破坏日益严重,所以迫使各国政府不得不采用法律手段来保护环境。现在,许多工业发达和法制健全的国家,环境法已日趋完善,形成了比较完整的体系,成为国家整个法律体系的一个重要组成部分。

# 建立自然保护区

自然保护区面积占国土总面积的多少,是衡量一个国家自然保护事业发展水平和科学文化进步的标尺。

自然保护区是指一个国家为保护自然环境和自然资源,对具有一定代表性的自然环境和生态系统、珍稀动植物栖息地、重要自然历史遗迹及重要水源地带等划出界限,加以保护的自然地域。它包括生态保护区、生物圈保护区、特定自然对象保护区;国家公园、自然公园、森林公园、海洋公园;禁伐区、禁渔区、禁猎区;冰川遗迹、温泉、化石群等。

东寨港红树林自然保护区

自然保护包括自然环境和自然资源的保护。它的具体内容有:①保护基本上处在原始状态或受人类活动影响较少的生态系统,如我国吉林长白山温带山地生态系统自然保护区;②保护、恢复受人类破坏,但具有一定代表性的自然生态系统,如云南西双版纳自然保护区;③保护具有特殊价值的生态系统,如珍稀动物、文物古迹、化石产地等。

建立自然保护区,在世界上已有100多年的历史。1872年,美国建立了世界上第一个自然保护区——黄石公园。1948年,国际自然保护联合会成立。从此之后,各种各样的自然保护区在世界范围内不断建立。现在,自然保护区面积占国土总面积10%以上的有日本、美国、德国、肯尼亚等。

我国从1956年开始在全国范围内划定自然保护区,自1956年我国第一个自然保护区——广东鼎湖山自然保护区建立以来,全国自然保护区事业呈现迅速发展的良好势头。截至2004年底，全国共建立各种类型、不同级别的自然保护区2194个，其中国家级226个，省级733个，地市级396个，县级839个。自然保护区总面积为14822.6万公顷，占陆地国土面积的14.8%。其中，有14个自然保护区列入世界自然遗产，26个自然保护区加入联合国教科文组织"国际人与生物圈保护区网络"，27个自然保护区列入"国际重要湿地名录"。我国第一个自然保护区是以保护特殊自然风景为主的广东鼎湖山自然保护区。在我国的自然保护区中，面积最大的是新疆阿尔金山自然保护区，面积为4.5万平方千米；第一个大熊猫保护区是四川王朗自然保护区；第一个水源保护区是云南松华坝水源水系保护区；唯一的特殊地质地貌保护区是黑龙江五大莲池自然保护区，人们称为"火山自然博物馆"。

自然保护区能完整地保存自然环境的本来面貌，是动植物及微生物物种的天然贮存库，能使自然资源得到保护、繁殖、引种、发展，并对保持水土、涵养水源、维护生态平衡起着重要作用。自然保护区对促进生产、教育、医疗、科研等事业的发展都有重要意义。我国长白山自然保护区内有成千上万的物种，生长在其中的红松林就好像一座水库，把雨水涵蓄在土壤中，即使连续下暴雨2个小时，降雨量达100毫米，也不会造成水分流失。又因为保护区内有上百种天然医生——益鸟和益虫，所以大片的松树、杉树、杨树、桦树很少受到虫害。